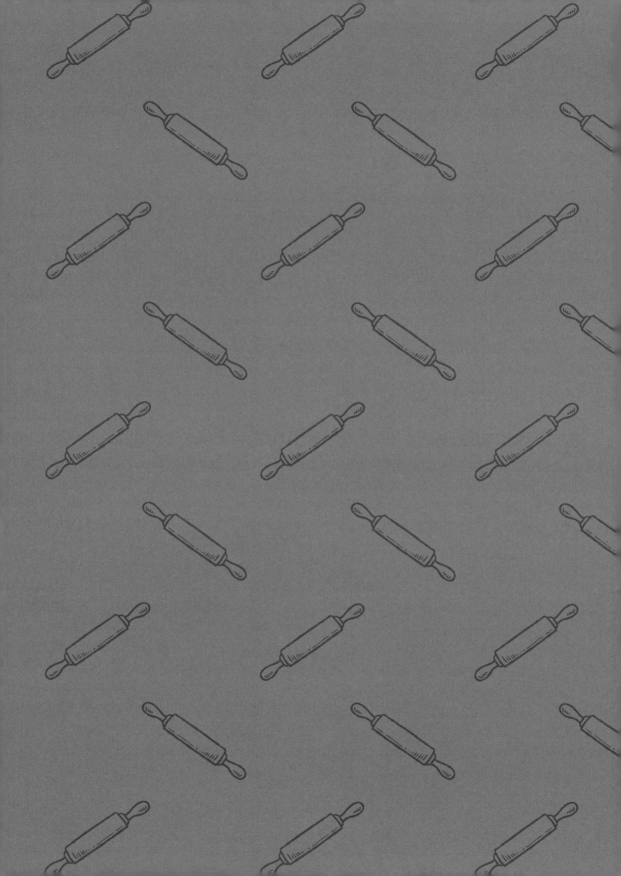

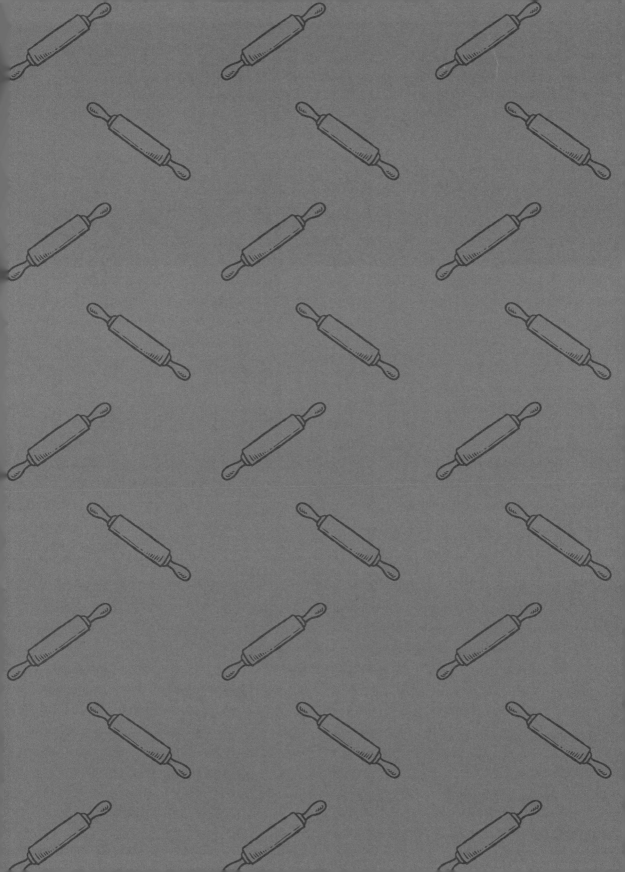

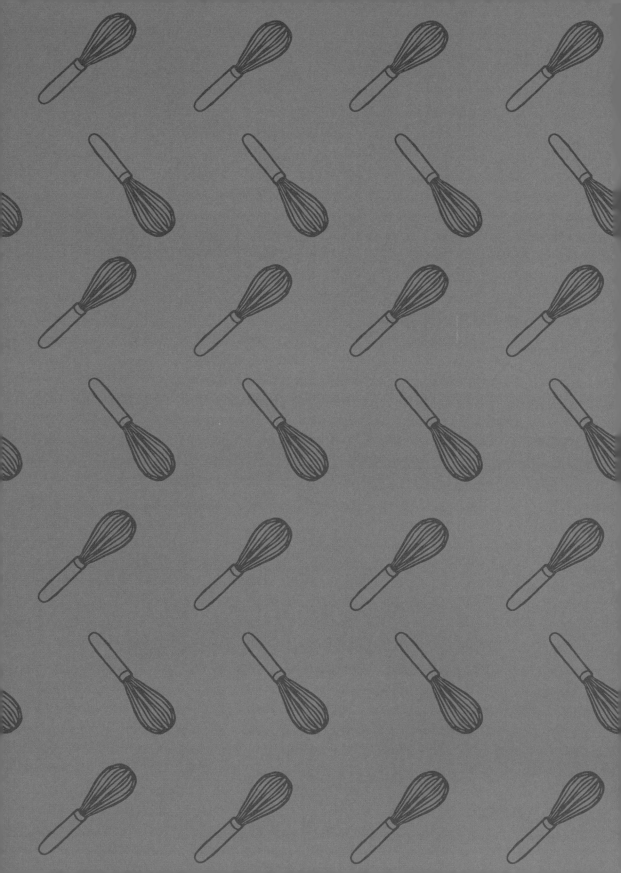

歡迎光臨

老妹的灶下！

從冷盤 × 西式烘焙 × 中式麵點 × 家常菜 × 甜點的 **50** 道低碳減醣美味無負擔全食譜

CONTENTS

作者序

老妹

　　由於我是護理師，且家中成員有多位醫生及藥師，從前每每看到病人來求診時，大多都是需要用藥物治療及控制的情況，讓我深刻體悟「預防醫學」的重要性。

　　"You are what you eat." 由這句話便可見吃進身體的東西對健康的影響有多大，各種文明病危害人們的健康狀況日益嚴重，糖尿病、高血壓、肥胖症和癌症已經成為國民病，這是非常嚴重的問題。公衛研究中，60 ～ 70% 的文明病是可以預防的，30 ～ 40% 的病症需靠飲食、運動及維持適當體重來改善，30% 的疾病則是得靠戒菸酒及不良的生活型態來調整。

　　幸好現代人對於健康意識抬頭，為了建立正確的飲食觀念，各種飲食療法層出不窮，也各有特色及專擅，例如生酮飲食、地中海飲食、杜肯飲食、168 斷食和低醣（碳）飲食等。但我認為不是任何人都適合單一飲食法，最重要的飲食法則是要攝取原型食物、全穀食物、好的油脂與堅果種子、優質蛋白質及富含膳食纖維的新鮮蔬果；拒絕過度加工食品、食品添加物及化學色素。

　　當年我在國外攻讀健康教育碩士學位，回國前，一直是個保持 50 公斤小姐身材的媽媽。回國後因從事補教工作及外食的關係，我的健康拉起了紅色警報，不只體重直線上升到 81 公斤，隨之而來的三高和慢性病更讓人生成為黑白。直到開始嘗試「低碳無糖」的飲食後，我才恍然大悟，原來一直以來我以為的「正常飲食」，內含的「精緻澱粉」及「糖」竟讓我內臟脂肪越堆越厚，健康狀態每況愈下。因此，除了運動，「改變飲食」是促進健康的第一步，其中「戒糖」和「減醣」更是最重要的關鍵。

　　「戒糖」、「減醣」、「原型食物」、「減少外食」也成為我極力推廣健康飲食的理念，這個健康飲食法則讓我受益良多，並重獲全新人生。因此我毅然決然地「投筆從戎」，結束了補教人生，從事低碳無糖食材的研發、烘培及料理。期望能藉由這本食譜，可以讓更多人因此改變飲食習慣。也希望透過詳細但簡化的步驟說明，可以鼓勵大家自己在家動手製作麵包、西點、中式麵點、家常菜、醬料及飲品，日日吃得安心又健康！

卡路里索引

●低碳西式烘焙　　●低碳中式小點　　●低碳減醣料理

卡路里索引

卡路里索引

麵糰類別料理索引

●低碳西式烘焙　　　●低碳中式小點　　　●低碳減醣料理

麵糊（酥皮）

How to use this book

低碳低醣的健康新觀念

隨著經濟富裕及飲食文明的改變，人們越來越「嗜甜」，甚至得了「糖癮」，但是提供身體細胞及腦部能量的並非精緻糖，而是碳水化合物被分解的葡萄糖，精緻糖和過多的淨碳水食物是二型糖尿病和肥胖流行的元凶。

近幾年，世界各國開始注意到精製糖對人體健康的威脅。從心臟、代謝到皮膚老化，精製糖對人體的危害甚劇。以下便是精緻糖可能會造成的身體問題：

❶ 精緻糖會增加體脂肪、罹患代謝症候群、引發肥胖、二型糖尿病、高血壓、脂肪肝、動脈硬化、增加罹癌機率。

❷ 使頭腦的運作鈍化，如飯後昏昏欲睡，妨礙工作或生活、引發焦慮、疲憊感、影響睡眠品質，甚至不安定的精神狀態。

❸ 引發身體發炎及過敏，造成腸胃不適及頭痛。過敏是一種免疫系統的發炎反應，攝取精緻糖（尤其是果糖），會讓皮膚紅、腫、熱、癢，或是對過敏原特別敏感而誘發過敏反應。

❹ 加速身體老化、更容易罹患失智症等。

❺ 兒童攝取過量精緻糖會導致嚴重偏食，因而降低蛋白質和維生素的攝取量，嚴重的話可能還會導致兒童腦部發育遲緩。

❻ 高糖分飲食與長青春痘及皺紋的形成有密切的關係。

我也曾為肥胖及三高問題感到困擾，幸運的是自己有營養學背景，也熱愛烘焙與料理，更不想因此放棄最愛的美食，於是透過低碳的飲食模式，不斷研究低碳又美味的烘焙及料理方式，執行過程中不但不痛苦，還漸漸找回健康。

執行飲食改變的過程中最困難的便是「堅持」，要如何堅持下去，

便是擁有堅定的信念，想要獲得信念便需要夠了解自己在做什麼，因此在執行低碳的飲食生活前，先瞭解基礎的營養學理是很重要的事！

這些名詞你瞭解嗎？

❶ 醣類（碳水化合物）：是由碳、氫、氧所組成的有機化合物，可分為單醣、雙醣及多醣。醣類在體內會轉成葡萄糖來提供全身細胞所需的能量。

❷ 糖：食物當中帶有甜味的來源，如葡萄糖、果糖和蔗糖。

❸ 精緻糖：是在食品中額外添加作為調味劑。精緻糖沒有任何營養，對身體來說，這種糖提供的是空卡路里，並容易造成身體負擔。

❹ 淨碳水（Net cab）：總碳水化合物扣除膳食纖維，即為淨碳水。只有淨碳水會震盪血糖，攝取過多的淨碳水則會被轉化為脂肪，儲存在內臟及身體。

❺ 低醣（低碳）飲食：就是減少淨碳水的攝取量。現代人的飲食中淨碳水量遠超過 50%，再加上過度攝取精緻糖，如手搖飲料、零食、甜點、烹調加工食品中添加的糖。精緻糖是甜蜜的毒藥，也是造成許多文明病的元兇。低醣（低碳）飲食將淨碳水控制在 20%、優質蛋白質 30%、好的油脂則為 50%，目的是為了防止血糖震盪，避免胰島素過度分泌，造成脂肪堆積。各種飲食模式的營養比例請參考下表。

表 I　各種飲食模式的營養比例

	均衡飲食	減醣飲食	低醣飲食	生酮飲食
醣類	55%	40%	20%	5%
蛋白質	20%	20%	30%	20%
脂肪	25%	40%	50%	75%
精緻糖	0-10%	0%	0%	0%

❻ 什麼是低碳食物？低碳食物即是沒有經過加工過的天然食材。各種類的低碳食物如下列：

(1) 雞蛋及各種肉類。

(2) 魚、蝦、貝類及其他海鮮。

(3) 乳製品，如起司、鮮奶油、全脂優格、希臘優格。

(4) 堅果／種子類：黃金亞麻仁籽、奇亞籽、花生、杏仁、核桃、葵花籽等。

(5) 脂肪／油脂類：奶油、橄欖油、酪梨油、苦茶油、椰子油、MCT 油（中鏈脂肪酸油）等。

(6) 飲料：水、咖啡、茶、氣泡水等。

(7) 水果：藍莓、酪梨、橄欖、大番茄等，一般的水果果糖含量較高，不適合低碳飲食。

(8) 黑巧克力。

(9) 蔬菜：除了根莖類蔬菜，如南瓜、芋頭、馬鈴薯、地瓜、玉米等，大部分的蔬菜都是低淨碳水的，如花椰菜、白花菜、芹菜、洋蔥、小黃瓜、櫛瓜、蘆筍、茄子、菇類、各種深綠色葉菜類等。

❼ 什麼是升糖指數 GI（Glycemic index）值？

GI 值，是指食物吃進體內 2 小時後，造成血糖上升的速度。

GI 值高的食物所含的淨碳水會被迅速分解及吸收，將葡萄糖迅速釋放到血液中，導致血糖急遽上升再下降，此為血糖震盪。換言之，低 GI 值食物的淨碳水會被緩慢的分解吸收，不會導致血糖震盪，也不會分泌過多的胰島素。

食用高 GI 食物會造成胰島素持續分泌，長時間會導致胰島細

胞耗盡，喪失功能，最後造成二型糖尿病。攝取低升糖指數的食物，較有飽足感且不易餓，可避免攝食過量，並可壓抑血中胰島素的分泌速度，能使餐後血糖較穩定，也能降低脂肪囤積。

GI 值以 0 到 100 為數值，攝取 100 克純葡萄糖，2 小時後的血糖值為度量標準，標準設定為 100。

除了查詢及背誦食物 GI 值外，平時要如何選擇及攝取低 GI 值的食物呢？

低 GI 值：1 ～ 40
中 GI 值：41 ～ 69
高 GI 值：70 以上

(1) **食物膳食纖維的含量**：富含膳食纖維的食物大多屬於低 GI，綠色蔬菜、燕麥、糙米、全穀低醣（碳）麵包、大番茄、奇亞籽、紅藜麥、亞麻仁籽等全穀類食物。

(2) **食物的精緻程度**：原型食物、加工程序越少的食物，通常 GI 值越低。三白（白米、白糖、白麵）都是精緻過的，要盡量避免。

(3) **食物的分子大小及糊化程度**：同一種食物切碎或打成泥後，或長時間烹煮，GI 值也會升高。例如稀飯，麵線及各式濃湯的 GI 值偏高，應避免食用。另外，運用不同方式料理同一種食材，GI 值也會有差異：水煮、清蒸時 GI 值較低；油炸或煎炒的 GI 值較高。

(4) **食物的熟化程度**：如香蕉、番茄、木瓜等，越成熟及軟化，GI 值越高。如香蕉變軟變黑，有黑點形成時，GI 值會變高。

(5) **進食速度的快慢**：細嚼慢嚥可降低 GI 值，咀嚼時間越長，可以降低同一食材的 GI 值，延緩血糖上升速度。

(6) 避免過度鬆軟的食物：優先選擇較結實的食物，如全穀類優於白米，義大利麵（GI 值 50）優於白麵（GI 值 88），紮實的麵包優於鬆軟的麵包。

(7) **進食順序：**先吃蔬菜，再吃肉、蛋、魚等蛋白質，最後再吃淨碳水食物。高膳食纖維的食物會延緩血糖上升的速度，也較有飽足感，再吃消化較慢的優質蛋白質食物，延長在胃部停留時間，最後再進食淨碳水食物。

自然界賦予的珍貴種籽

　　各式各樣的天然種籽富含有各自的營養與功效，堪稱是大自然給予人類最寶貴的食物，也因此在我決心執行低碳飲食時，埋頭研發各種以健康穀物為主的預拌粉，讓自己的健康飲食計畫事半功倍。以下列出各項天然穀物的營養價值、功效與攝取應注意事項，提供給大家參考！

❶黃金亞麻仁籽粉（Golden Flax seed Meal）

　　亞麻仁籽是第一個被醫界證明的超級食物。根據美國營養學博士 Dr. Josh Axe 指出，亞麻仁籽能改善消化，使皮膚變好、降低膽固醇、減少對糖分的需求、平衡賀爾蒙、降低癌症的發生率、增加新陳代謝。

黃金亞麻仁籽每百公克所含的營養成分：	
碳水化合物	40 克（內含 24 克膳食纖維）
蛋白質	16 克
脂肪	38 克
膳食纖維	24 克
淨碳	16 克

◎一定要吃的原因

(1) **擁有高纖維及低碳水化合物。**

> 亞麻仁籽含有高濃度的黏液膠質，此為水溶性纖維，能延遲食物過快進入小腸，增加食物在胃中的時間，有助於腸道的消化吸收。同時含有可溶性和不可溶性纖維，可大大增加大腸的排毒率，減少脂肪形成和降低對糖的需求。

(2) **有助於維持皮膚與頭髮健康。**

> ALA 脂肪酸，有利於提供身體必須的脂肪酸及維生素 B，有助於減少皮膚乾燥、青春痘、酒糟鼻及濕疹的症狀。另外也可以減輕乾眼症的症狀和減輕發炎。

(3) **有助於體重控制。**

> 由於含有健康的油脂和纖維，可以增加飽足感並減少攝取

過多的卡路里。加在麵包、湯、沙拉或是奶昔中，能增加飽足感和方便腸胃吸收，可改善肥胖，有效控制體重。

(4) 可降低膽固醇的含量。

因為亞麻仁籽的可溶性纖維可以在消化系統中有效的鎖住脂肪和膽固醇，因此纖維可以隨著膽汁把膽囊中的膽固醇通過消化系統排出體外，降低身體中的膽固醇含量。

(5) 不含有麩質成分。

對於有麩質過敏的人提供很好的穀物蛋白的攝取。

(6) 含有大量的抗氧化成分。

含有大量的木質素，此為纖維酵素，可抗衰老、平衡賀爾蒙和活化細胞。木質素有抗病和抗菌的功能，有助於減少感冒的發生率，也可降低體內的白色念珠菌含量。

(7) 促消化系統的健康。

ALA 脂肪酸可以保護消化道，維持消化系統腸胃的健康，減少消化系統發炎的機率。並可減緩便祕的發生。

(8) 可有效降低癌症發病的風險。

含有三種木酚素可以透過腸道中益生菌轉變成為腸二醇和腸內酯，可有效平衡體內乳腺癌發病的風險激素，可以降低乳腺癌、前列腺癌、卵巢癌和結腸癌的風險。

(9) 含有大量 omega-3。

ALA 脂肪酸可以轉化成 EPA 跟 DHA，所以素食者和海鮮過敏者不必食用魚油也可同樣攝取到身體所需的 EPA、DHA 和 omega-3。

黃金亞麻仁籽（粉）的食用方法與禁忌：

★食用方法：

(1) 可直接加亞麻仁籽粉在湯品或飲料中。

(2) 將亞麻仁籽浸泡在水中直到黏稠後加入料理食物或烘培食品中。

(3) 將為烘培的亞麻仁籽發芽，芽菜可加入沙拉中食用。

(4) 用榨油機自製亞麻仁籽油，油渣可以做麵包或打精力湯。

(5) 研磨成細粉後，可以加入任何烘焙料理取代麵粉，湯品或粥品中。

★相關禁忌：

(1) 亞麻仁籽（粉／油）對熱，光，空氣敏感，必須密封在不透光的包裝或容器中。

(2) 過度加熱超過攝氏 150 度會破壞亞麻酸，不建議過度加熱烹調。

(3) 一人一天建議每日約 1 至 2 湯匙（約 15～30 克），過度攝取（1000 克）磨碎的亞麻籽，才會有急性氰化物中毒的可能。

(4) 孕婦忌食。

(5) 抗凝血治療患者忌食。

❷ 燕麥粉（Oat Meal）及燕麥麩（Oat Bran）

　　燕麥味甘性溫，能補虛止汗、潤腸通便、保護心血管。燕麥所含亞麻油酸是人體最重要的必需脂肪酸，能維持人體正常的新陳代謝活動，同時又是合成前列腺素的必要成分。燕麥麩皮含有豐富的維生素B群、維生素E、葉酸、鈣、磷、鋅、鐵、錳等微量元素。

燕麥（含麩皮胚乳）每百公克所含的營養成分：

碳水化合物	66.4 克 (內含 15 克膳食纖維)
蛋白質	6.8 克
脂肪	6.8 克
膳食纖維	15 克
淨碳	51.6 克
淨碳	16 克

◎一定要吃的原因

(1) **擁有不飽和脂肪酸與脂肪酸及水溶性纖維。**

水溶性纖維能延遲食物過快進入小腸，增加食物在胃中的時間，潤腸通便，有助於腸道的消化吸收。可以降低血液中膽固醇與三酸甘油脂的含量，燕麥既能調脂減肥，又能降低血糖。

(2) **有助於消除疲勞及改善血液循環。**

燕麥含豐富維生素 B 群、維生素 E 及葉酸。可以改善血液循環、幫助消除疲勞，燕麥適合銀髮族，青春期，一般成人，尤其是孕婦，其營養素有利於胎兒的生長發育。

(3) **含鈣、磷、鋅、鐵、錳及微量元素。**

預防骨質疏鬆症，促進傷口癒合及預防貧血症的發生。

(4) **富含亞麻油酸。**

為人體最重要必需脂肪酸，是合成前列腺素的必要成分，能維護人體的機能。更能維持人體正常的新陳代謝活動。

(5) **含有優質的燕麥蛋白質。**

人體所需的氨基酸遠高於白米和白麵，營養成分豐富，已被列為保健食品。

燕麥的食用方法與禁忌：

★食用方法：

(1) 整顆燕麥和其他全穀物一起蒸煮成燕麥飯。

(2) 煮成各種粥品。

(3) 整顆燕麥磨成粉後，加在烘培料理中取代麵粉。

★相關禁忌：

(1) 燕麥富含優質澱粉，低醣飲食者勿過度攝取。

(2) 燕麥不宜過量攝取，其中的植酸會影響人體對礦物質的吸收。

❸ 紅藜麥（Red Quinoa）的營養價值與功效

　　紅藜麥有穀類紅寶石之稱，具有預防大腸癌前期病變的效果。蛋白質含量高，含有人體所需必需胺基酸，富含鈣質、鐵質、膳食纖維與多酚，是營養密度極高的全穀物，也是聯合國公認的超級食物。

紅藜麥（Red Quinoa）每百公克所含的營養成分：

碳水化合物	50 克（內含 14 克膳食纖維）
蛋白質	14.4 克
脂肪	6.0 克
膳食纖維	14 克
淨碳	36 克

◎一定要吃的原因

(1) **是米、麵最佳替代品。**

紅藜麥所含的優質蛋白質幾乎與牛肉相當，含 10 種必需胺基酸，是人體無法自行形成的，如離胺酸、組胺酸等，其中含有的麩胺酸更有「腦細胞的食物」之稱及豐富的鈣質。紅藜麥不含膽固醇，低鈉，且鐵含量比全麥高出 50%，是素食者最佳的營養來源。

(2) **含植物雌激素。**

對預防一些慢性病、乳腺癌、骨質疏鬆及婦科疾病有顯著療效。紅藜麥含有 GABA 胺基酸可舒緩焦慮；多酚類植化素可維持血管彈性；甜菜色素可以保肝、降血糖；可防癌的 SOD（抗氧化的超氧岐化物）及提高免疫力的多醣體 β-葡聚糖。

(3) **富含可溶性和不可溶性纖維。**

紅藜麥的膳食纖維是地瓜的 6 倍、燕麥的 3 倍，可以提供飽足感、降低膽固醇、促進腸胃消化功能。藜麥也是高血壓及二型糖尿病人 一日三餐中的最好選擇。

(4) 富含礦物質及微量元素錳、鎂、鐵、鋅、鈣。

含量已符合衛服部的「高鐵」及「高鈣」標準。可緩解血管壓力、減少心臟病的發生，更含有提高免疫力的微量元素，如：硒、鍺。纖維素可調節血糖、降低膽固醇和保護心臟。

(5) 有減肥塑身功效。

藜麥不含膽固醇，因此食用後不會在體內形成脂肪，同時易消化，食後有飽足感。藜麥是一種完全蛋白，提供完整營養，所含的纖維素可調節血糖、降低膽固醇和保護心臟。

(6)改善體內酸鹼平衡。

改善體內酸鹼值，保持健康體質。身心的健康，需要靠食物的酸鹼來平衡，紅藜麥有助於改善身體的協調作用。

紅藜麥的食用方法與禁忌：

★食用方法：
(1) 整顆紅藜麥和其他全穀物一起蒸煮成紅藜飯。
(2) 整顆紅藜麥或研磨成紅藜粉加在烘培食品中。
(3) 將紅藜麥蒸熟後，添加在沙拉，飲品或菜餚中。

★相關禁忌：
(1) 消化系統較弱者，建議和其他穀物一起食用。
(2) 水洗過可以去除帶苦味的皂素，洗過的紅藜麥請盡快烹煮，否則容易造成黴菌汙染。

❸ 奇亞籽 (Chia Seed) 的營養價值與功效

奇亞籽是鼠尾草的種子。奇亞一詞出自於古馬雅語，意思是「力量」，食用後能得到神奇能量。奇亞籽富含多種養分，因此被視為超級食物。吸水後可膨脹 15 倍，能減緩澱粉轉換成醣的速度，增加飽足感，減少對甜食的渴望，因此被視為減肥聖品。奇亞籽還富含 Omega-3，被譽為素食者的魚油。

奇亞籽（Chia Seeds）每百公克所含的營養成分：

碳水化合物   44 克（內含 38 克膳食纖維）
蛋白質   15.6 克
脂肪   30.8 克（內含 17.8g Omega-3）
膳食纖維   38 克
淨碳   6 克

◎一定要吃的原因

(1) **低熱量且富含膳食纖維。**

100 公克含 38 公克的膳食纖維，約 41%。膳食纖維不含熱量，也不會造成血糖上升，更能幫助好菌增長並促進腸胃功能。

(2) **穩定餐後血糖。**

糖尿病患者或一般人，餐後血糖指數是造成心血管疾病、中風、視網膜病變、腎功能衰竭和神經系統併發症的重要風險因子。主因高血糖引發的氧化壓力造成血管內皮功能障礙、提高發炎程度、血管收縮、增加頸動脈內膜厚度。

(3) **富含鈣質及微量元素。**

鈣質高達每 100 公克含 631 毫克，是牛奶的 6 倍。對於乳糖不耐症者或全素者，奇亞籽是非常優質的鈣質來源。含鎂、鋅、銅、錳、鐵、B2 及 B3 等微量元素。

(4) **富含優質蛋白質。**

奇亞籽含約 14% 的蛋白質，所含胺基酸比例完整，因此非常利於人體吸收，蛋白質是人體維持生命不可或缺的營養素。研究證明，補充足夠的優質蛋白質有助於增加飽足感，對於零食的渴望降低 60%，有助於減醣者攝取澱粉食物。

(5) **富含 Omega-3。**

奇亞籽含 18% 的 Omega-3，可以在人體轉換成前列腺素（PGE3）。能抗發炎、消水腫、降血壓、穩定情緒、改善心情，這些都是可減少過度飲食的關鍵因素。

(6) **能降低壞膽固醇及三酸甘油脂。**

由於富含纖維、蛋白質及 Omega-3，能增進新陳代謝。

飲食中搭配燕麥等食物，可有效降低低密度脂蛋白（壞膽固醇），並增加高密度脂蛋白（好膽固醇）及發炎現象，可預防心血管疾病的發生率。

(7) 含豐富的植物抗氧化劑。

奇亞籽所富含的抗氧化劑能減緩種籽中脂肪的酸化速度，因此能幫助人類對抗老化及致病的自由基。從食物中攝取天然的抗氧化劑，避免攝取人工保健食品。

奇亞籽（chia Seeds）的食用方法與禁忌：

★食用方法：

(1) 可直接食用。

(2) 加在烘培及料理中。

(3) 1 匙 15 公克奇亞籽放入 150 毫升的飲水中，浸泡至少 30 分鐘，份量及濃度可依喜好調整。奇亞籽泡水後，會產生發芽效應，讓酵素抑制劑（防止種籽發芽的酵素）減少，能讓種籽中的養分轉換成胺基酸，可以吸收到更多營養，因此浸泡吃是最有效率的吃法，也最常被推薦。

★相關禁忌：

(1) 可能造成腹脹，有少部分人會出現腹脹的情形。這與腸道菌和纖維發生反映所產生的氣體有關，也可能是水分攝取不足。由於奇亞籽富含水溶性纖維，刺激腸道蠕動，但若水分攝取不足會導致腸胃不適，增加腹脹及便秘的機率。

(2) 可能造成過敏，由於奇亞籽富含蛋白質，因此也可能造成過敏，症狀從出疹到舌頭腫脹都可能。奇亞籽和芥菜籽 (Mustard Seeds) 是同屬，如果對芥菜籽過敏，就忌食奇亞籽。

(3) 避免與抗凝血劑一起使用，由於富含 Omega-3，其具有抗凝血功效，因此若有服用抗凝血劑要避免一起使用，可能會增加出血的風險。手術開刀前幾天應停止食用。

(4) 根據研究，奇亞籽具有降血壓的功效，因此低血壓患者應避免使用。

中式麵點預拌粉

中文品名：**低碳無糖中式麵點預拌粉**

英文品名：Pasta Mix

淨　　重：500g

有效期限：14 個月（依包裝上的有效
　　　　　日期為準）

產　　地：台灣

成　　分：黃金亞麻仁籽粉、黃豆粉、
　　　　　杏仁粉、燕麥麩、燕麥粉、小麥蛋白、
　　　　　赤藻醣醇、海鹽

營養標示

每一份量 25 公克
本包裝含 20 份

	每份
熱量	132 大卡
蛋白質	9.6 公克
脂肪	8.7 公克
反式脂肪	0.0 公克
膳食纖維	4.0 公克
淨碳	2.8 公克
糖	0.0 公克

★ 可取代中筋麵粉，製作中式麵點或西式
的 Pita 口袋餅、肉桂捲。

杏仁粉

中文品名：**烘焙杏仁粉**（馬卡龍杏仁粉）

英文品名：Almond Flour/Meal

淨　　重：500g

有效期限：14 個月（依包裝上的有效
　　　　　日期為準）

產　　地：美國加州

營養標示

每一份量 25 公克
本包裝含 20 份

	每份
熱量	145 大卡
蛋白質	5.3 公克
脂肪	12.8 公克
反式脂肪	0.0 公克
膳食纖維	1.4 公克
淨碳	3.6 公克
糖	0.0 公克

★ 杏仁粉是不飽和脂肪的良好來源，是低
碳水化合物的食物，適合用於烹飪及烘
焙，可取代麵粉，纖維質和蛋白質豐富。

亞麻仁籽粉

中文品名：**黃金亞麻仁籽粉**

英文品名：Golden Flax Seeds

淨　　重：500g

有效期限：14 個月，有效日期持續更
　　　　　新中（依包裝上的有效日
　　　　　期為準）

產　　地：加拿大

營養標示

每一份量 25 公克
本包裝含 20 份

	每份
熱量	130 大卡
蛋白質	4.0 公克
脂肪	9.0 公克
反式脂肪	0.0 公克
膳食纖維	6.0 公克
淨碳	4.0 公克
糖	0.0 公克

★ 是第一個被醫界證明的超級食物，能改
善消化、使皮膚變好、降低膽固醇、減
少對糖的需求、可平衡賀爾蒙、降低癌
症發生率以及增加新陳代謝。

奇亞籽	紅藜麥	蛋糕鬆餅預拌粉

中文品名：**有機奇亞籽**

英文品名：Chia Seed

淨　　重：300g

有效期限：14 個月（依包裝上的有效日期為準）

產　　地：祕魯

中文品名：**有機紅藜麥**

英文品名：Organic Quinoa

淨　　重：300g

有效期限：14 個月（依包裝上的有效日期為準）

產　　地：祕魯

中文品名：**碳無糖蛋糕鬆餅預拌粉**

英文品名：Cake Mix

淨　　重：500g

有效期限：14 個月，有效日期持續更新中（依包裝上的有效日期為準）

產　　地：台灣

成　　分：亞麻仁籽粉、椰子粉、黃豆粉、杏仁粉、奇亞籽粉、洋車前子粉、無鋁泡打粉、香草粉、赤藻醣醇、海鹽、甜菊糖

營養標示		

每一份量 25 公克
本包裝含 20 份

每一份量 25 公克
本包裝含 20 份

每一份量 25 公克
本包裝含 16 份

	每份		每份		每份
熱量	129 大卡	熱量	95 大卡	熱量	121 大卡
蛋白質	4.5 公克	蛋白質	3.6 公克	蛋白質	6.5 公克
脂肪	9.9 公克	脂肪	1.5 公克	脂肪	7.7 公克
反式脂肪	0.0 公克	反式脂肪	0.0 公克	反式脂肪	0.0 公克
膳食纖維	7.8 公克	膳食纖維	3.5 公克	膳食纖維	9.0 公克
淨碳	0.7 公克	淨碳	9.0 公克	淨碳	1.8 公克
糖	0.0 公克	糖	0.0 公克	糖	0.0 公克

★ 奇亞籽富含多種營養，能減緩澱粉轉換成糖的速度、增加飽足感、減少對甜食的渴望，是減肥聖品。也因富含Omega-3，因此有「素食者魚油」之稱。

★ 有穀物紅寶石之稱，蛋白質含量高，是營養密度極高的完美全穀食物，聯合國公認的超級食物！

★ 只要加入濕料（水、奶油、雞蛋等等），攪拌均勻即可做出低碳（醣）的蛋糕料理。

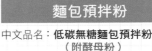

餅乾預拌粉

中文品名：**低碳無糖餅乾預拌粉**

英文品名：Baking Mix

淨　　重：500g（約可做 20 個 30 公克的餅乾）

有效期限：14 個月，有效日期持續更新中（依包裝上的有效日期為準）

產　　地：台灣

成　　分：亞麻仁籽粉、黃豆粉、燕麥麩、杏仁粉、奇亞籽粉、燕麥粉、香草粉、赤藻醣醇、海鹽、甜菊

營養標示	
每一份量 25 公克 本包裝含 20 份	每份
熱量	128 大卡
蛋白質	5.0 公克
脂肪	8.0 公克
反式脂肪	0.0 公克
膳食纖維	7.0 公克
淨碳	5.0 公克
糖	0.0 公克

★ 加入奶油、雞蛋後攪拌均勻，即可做出餅乾、塔皮等。也可以加入芝麻、花生、巧克力做出不同口味的烘焙料理。

燕麥粉

中文品名：**燕麥粉**

英 文 品 名：AOat Powder （With Oat Bran）

淨　　重：500g

有效期限：14 個月（依包裝上的有效日期為準）

產　　地：智利

營養標示	
每一份量 25 公克 本包裝含 20 份	每份
熱量	98 大卡
蛋白質	4.2 公克
脂肪	1.7 公克
反式脂肪	0.0 公克
膳食纖維	3.7 公克
淨碳	12.9 公克
糖	0.0 公克

★ 整顆燕麥研磨成粉，為最純粹燕麥粉，保證絕對不含其他添加物！

★ 味甘性溫、潤腸通便，其所含的亞麻油酸是人體最重要的必須脂肪酸。

麵包預拌粉

中文品名：**低碳無糖麵包預拌粉**（附酵母粉）

英文品名：Bread Mix

淨　　重：500g

有效期限：14 個月（依包裝上的有效日期為準）

成　　分：亞麻仁籽粉、黃豆粉、燕麥麩、杏仁粉、小麥蛋白質、燕麥粉、紅藜麥、奇亞籽粉、赤藻醣醇、海鹽、酵母粉（附 10 克小包裝）

營養標示	
每一份量 25 公克 本包裝含 20 份	每份
熱量	118 大卡
蛋白質	10.5 公克
脂肪	5.6 公克
反式脂肪	0.0 公克
膳食纖維	4.3 公克
淨碳	2.3 公克
糖	0.0 公克

★ 本產品含小麥蛋白質，麩質（麵筋）過敏者請謹慎食用。

★ 含有聯合國公認的三大超級食物「黃金亞麻仁籽粉」、「奇亞籽」及紅藜麥。全都未經榨油，沒有去除高纖的麩皮及胚芽，可以吃到全食物的營養。

常見的麵糰分為「粉漿麵糊類」、「冷水麵糰」、「燙麵麵糰」及「發麵麵糰」這四種，不同的麵糰適合用來製作不同的美味烘焙食物，筋性、口感都會有所差異。

至於揉麵的方式，如果家裡沒有機器代勞，用萬能的雙手來揉麵就可以了，若是家中有攪拌機、調理機，甚至麵包機，那就更能省時省力的揉麵糰囉！

以下將分別介紹手工揉麵與機器揉麵的方法與需注意的小技巧，也會個別說明四種麵糰的差異與製作方式。

手工揉麵的方法與技巧

第一類

粉漿／麵糊類

粉漿是預拌粉加入大量液體，如鮮奶油、牛奶、無糖豆漿、奶油、植物油或水，調成較稀的粉漿狀，濕料越多，成品越軟嫩。可以加入蔬菜或其他配料來增加變化，攪拌後需靜置鬆弛 15 ～ 30 分鐘再烹煮。如本書中的古早味粉漿蛋餅、經典美式鬆餅和櫛瓜煎餅等食譜。

麵糊類則是預拌粉中加入濕料，如水、雞蛋、鮮奶油、無糖豆漿、奶油、植物油、椰漿，以及其他乾料，如：無糖巧克力粉、堅果、椰子絲、無糖花生醬和芝麻等，再攪拌成較硬的麵糊。麵糊需靜置或放入冰箱冷藏至隔夜再製作。

本書中的美味蘿蔔糕、甜美巧克力派、甜蜜花生芝麻酥、濃郁布朗尼、杏粉椰絲球等食譜即是麵糊類料理。

第二類
冷水麵（死麵）

冷水麵又稱死麵，麵糰是加室溫水（約30度）攪拌所形成的麵糰。沒有添加酵母粉，所以麵糰不會變大，其特色是彈性大、筋性強，麵糰可以拉扯得較長。

★通常低碳無糖麵包預拌粉（或中式麵點粉）與水的比例是 0.6：1

★揉麵技巧：水慢慢地加入預拌粉中拌成無乾粉狀約 1 分鐘，密蓋醒 20 分鐘。讓水和麵筋自行結合，此為水合法；再揉 2 分鐘，再密蓋醒使麵糰鬆弛 1 小時即可。如本書中的水餃皮和麵條等食譜，也可以用來製作春捲皮、烙餅、餛飩皮和麵疙瘩。

第三類
燙麵麵糰（開水麵）

燙麵又稱為開水麵，是先用水量的 1/3 室溫水（約30度）活化少許酵母（一般量的 1/2，如 250 公克的預拌粉使用 3 公克的酵母），靜置 2～3 分鐘或產生細泡，再將 2/3 熱開水，慢慢地倒入預拌粉中用筷子攪拌。熱水會破壞麵筋，待其稍冷卻後再加入室溫酵母水。其特色是預拌粉會吸收更多的水分，麵糰會更柔軟，可以擀得很薄。

★無糖麵包預拌粉（或中式麵點粉）與水的比例是 0.6：1

★揉麵技巧：同上述冷水麵提到的「水合法」，水慢慢地加入預拌粉，攪拌成無乾粉狀約 1 分鐘，密蓋醒 20 分鐘，讓水和麵筋自行結合，再揉 2 分鐘，再密蓋醒讓麵糰鬆弛 1 小時即可。書中的食譜，如蔥油餅、創意墨西哥捲餅及必吃韭菜盒子就是使用這種麵糰，燙麵麵糰也可以用來製作荷葉餅及餡餅。

第四類

發麵麵糰（半發麵）

發麵是在預拌粉中加入酵母菌，酵母被激活後，會將糖分解成二氧化碳和酒精，發酵所產生的二氧化碳會將麵筋撐起形成空氣泡，讓麵糰膨脹。不同的成品需要不同的發酵程度。

發麵食品如麵包類需要發酵至原本麵糰的兩倍大。通常需要兩次發酵。預拌粉不含糖及低碳，所以第一次發酵的空氣不要用力擠出，否則第二次發酵會無法形成空氣，發酵會失敗。切割塑形後，再進行第二次發酵。

如果是製作肉桂捲、花捲等，需先擀平麵皮，第一次發酵時縮短時間（約 20 分），塑形後，延長第二次發酵時間（1 ～ 2 小時），否則很難再形成空氣。

★ 無糖麵包預拌粉（或中式麵點粉）與水（總液體）的比例是 0.9：1

★ 揉麵技巧：

1. 室溫水活化酵母粉，靜置 2 ～ 3 分鐘或產生細泡。

2. 酵母水及所有材料（除了油）放入盆中用手揉成團。剛開始會黏手，先蓋上保鮮膜讓麵糰醒 20 ～ 30 分鐘，加上植物油（或奶油），再揉至不黏手且成有彈性的麵糰（或使用麵包機的攪麵及發酵麵糰功能）。

3. 蓋上保鮮膜，放至溫暖處，發酵至兩倍大（約 50 分鐘），半發酵麵糰只要醒麵發酵 20 分鐘，不用等 2 倍大。此為一發（第一次發酵）。切割塑形後，再進行二發（第二次發酵），時間約 50 分鐘。

4. 書中採用半發酵麵糰的食譜有：涮嘴蔥花捲、鹹蛋黃肉包、Q 彈麵香饅頭、Pita 口袋餅、噴香印度烤餅、鬆軟肉桂捲、無負擔鹽可頌和瑪格莉特披薩。另外，使用發酵麵糰所做的食譜則是各式麵包吐司類。

攪拌機或調理機揉麵的方法與技巧

1. 在攪拌機或調理機裡放入室溫水活化酵母粉，靜置 2～3 分鐘或產生細泡。

2. 放入其他液體（如植物油、奶油、水、鮮奶油、無糖豆漿、椰漿等其他材料），再放入預拌粉入攪拌缸中。

3. 先用低速攪拌 3 分鐘。確定缸底有無乾粉，將麵糰翻轉後再攪拌。

4. 再用中速攪拌 7 分鐘，形成光滑的麵糰。可以拉出薄膜的程度。

5. 拿出麵糰，滾圓收口，密蓋或蓋上發酵布，發酵 20 分鐘（此為半發酵麵），發 50 分鐘，成兩倍大（此時為發酵麵糰）。這個步驟為一發。

6. 切割塑型，因為預拌粉無糖低碳，沒有太好的發酵條件，所以一發時空氣不要用力排出，此步驟和一般精緻麵粉不同。

7. 將塑型好的麵糰，蓋上發酵布，發酵 50 分鐘。此為二發。

麵包機揉麵的方法與技巧

1. 取出麵包機內膽並安裝攪拌棒，放入室溫水活化酵母粉，靜置 2 ～ 3 分鐘或產生細泡。不要將酵母粉放在麵包機的酵母槽中。

2. 放入其他液體（如植物油、奶油、水、鮮奶油、無糖豆漿、椰漿等其他材料），再放入預拌粉入麵包機內膽中。

3. 將內膽安裝回麵包機中。

4. 選擇揉麵功能 10 分鐘或揉至可撐出薄膜即可。

5. 第一次發酵 60 分鐘，成兩倍大（發酵麵糰）。此為第一次發酵（一發）。

6. 將麵糰取出，切割塑型，因為預拌粉無糖低碳，沒有太好的發酵條件，所以一發空氣不要用力排出，此步驟和一般精緻麵粉不同。

7. 將塑型好的麵糰，蓋上發酵布，發酵 50 分鐘。此為第二次發酵（二發）。

8. 若要製作吐司，麵包機可一鍵操作，選擇時間最長的全麥模式（若用此方法可省略步驟 4 至步驟 7）。

Chapter

01

低碳預拌粉

×

西式烘焙料理

香 Q 有嚼感，啓動味蕾的食譜

Recipe
01

蓬鬆又有嚼勁的高纖生酮餐包
香醇鮮奶餐包

材料

室溫水（約30度）⋯⋯⋯⋯⋯120cc

鮮奶油（可用無糖豆漿代替）⋯⋯100cc

低碳無糖麵包預拌粉⋯⋯⋯250克

雞蛋⋯⋯⋯⋯⋯⋯⋯⋯⋯1顆

酵母粉⋯⋯⋯⋯⋯⋯⋯⋯5克

植物油（可用15克奶油代替）⋯⋯15cc

營養標示

每份	一天建議量為1份（1個餐包為一份）
淨碳水化合物	2.9g
脂肪	18.4g
蛋白質	15.2g
膳食纖維	11.2g
熱量	230Kcal

作法

1　酵母粉放入室溫水中活化，靜置2～3分鐘或產生細泡。

2　將酵母水及所有材料（除了油）放入盆中用手揉成糰，剛開始會黏手，先蓋上醒20～30分鐘。

3　加上植物油（或奶油），用手揉至不黏手，且成有彈性的麵糰。也可使用麵包機的攪麵及發酵麵糰功能（不要用力把麵糰空氣擠掉）。

4　蓋上保鮮膜，放至溫暖處，使麵糰發酵至兩倍大（約50分鐘）。

5　取出麵糰，分切成80～100公克的麵糰，搓揉成圓球狀，再發酵1小時（不要用力把麵糰空氣擠掉）。

6　將烤箱或氣炸鍋預熱180度10分鐘，放入麵糰烤15～20分鐘。（中途可拿出來噴兩次水，麵包會更可口喔！）

Tips
・喜歡Q彈口感可減少鮮奶油的量至80cc。
・冷凍保存1個月。
・一包粉約可製作12個餐包。

香氣濃郁又富有口感的高纖生酮餐包

可可核桃餐包

材 料

室溫水（30 度）⋯⋯⋯⋯⋯⋯⋯⋯120cc

椰漿（可用無糖豆漿代替）⋯⋯⋯100cc

低碳無糖麵包預拌粉⋯⋯⋯⋯⋯⋯250 克

雞蛋⋯⋯⋯⋯⋯⋯⋯⋯⋯⋯⋯⋯⋯1 顆

酵母粉⋯⋯⋯⋯⋯⋯⋯⋯⋯⋯⋯⋯5 克

椰子油（可用 15 g 奶油代替）⋯⋯15cc

無糖可可粉⋯⋯⋯⋯⋯⋯⋯⋯⋯⋯25 克

赤藻醣醇（可依自己口味調整甜度）⋯35 克

核桃⋯⋯⋯⋯⋯⋯⋯⋯⋯⋯⋯⋯⋯30 克

營養標示

每份 一天建議量為 1 份	
（1 個餐包為一份）	
淨碳水化合物	3.3g
脂肪	20.3g
蛋白質	18g
膳食纖維	12.8g
熱量	270Kcal

作 法

1　酵母粉放入室溫水中活化，靜置 10 分鐘或產生細泡。

2　將酵母水及所有材料（除了油）放入盆中用手揉成糰，剛開始會黏手，先用
　　保鮮膜蓋上，使麵糰醒 20 分鐘。

3　加入植物油（或奶油），揉至不黏手且成有彈性的麵糰，也可使用麵包機的
　　攪麵及發酵麵糰功能。蓋上保鮮膜，放至溫暖處，發酵至兩倍大（靜置約
　　50 分鐘）。

4　取出麵糰，分切成約 80 ～ 100 公克的麵糰，搓揉成圓球狀，再發酵 1 小時。
　　（揉麵糰時不要用力把空氣擠掉）

5　烤箱或氣炸鍋預熱 180 度，烤 15 ～ 20 分鐘。（中途可拿出噴水兩次，麵
　　包會更可口喔！）

香濃蒜味起司餐包

材 料

溫水	120cc
鮮奶油（可用無糖豆漿代替）	100cc
低碳無糖麵包預拌粉	250 克
雞蛋	1 顆
酵母粉	5 克
植物油（可用 15 克奶油代替）	15cc
香蒜奶油醬	20 克
（可參考 P.126 的香蒜奶油醬作法）	
白胡椒粉	1/2t（小匙）
香蒜粉	1/2t（小匙）
洋蔥粉	1/2t（小匙）
披薩用起司	80 克
不融起司塊	少許

營養標示

每份	一天建議量為 1 份
	（1 個餐包為一份）
淨碳水化合物	2.9g
脂肪	18.4g
蛋白質	15.2g
膳食纖維	11.2g
熱量	230Kcal

作 法

1 酵母粉放入室溫水中活化，靜置 2 ～ 3 分鐘或產生細泡。

2 將酵母水及所有材料（除了油和不融起司）放入盆中用手揉成糰，剛開始會黏手，先蓋上醒 20 分鐘。

3 加入植物油（或奶油），再揉至不黏手且有彈性的麵糰（或使用麵包機的攪麵及發酵麵糰功能）。蓋上保鮮膜，放至溫暖處，發酵至兩倍大。（約 50 分鐘）

4 取出麵糰，分切成約 80 ～ 100 公克的麵糰，壓扁，填入少許起司及起司塊搓揉成圓球狀，再發酵 1 小時。（揉麵時不要用力把空氣擠掉）

5 將烤箱或氣炸鍋預熱 180 度，烤 15 ～ 20 分鐘。（中途可取出噴水兩次，麵包會更可口喔！）

充滿異國風味的酸甜風味麵包

油封番茄餐包

營養標示

	每份 一天建議量為 1 份	
○	（1 個餐包為一份）	
	淨碳水化合物	2.9g
	脂肪	18.4g
	蛋白質	15.2g
○	膳食纖維	11.2g
○	熱量	230Kcal

材 料

室溫水（30 度）⋯⋯⋯⋯⋯⋯⋯⋯⋯⋯⋯⋯⋯⋯120cc

酵母粉⋯⋯⋯⋯⋯⋯⋯⋯⋯⋯⋯⋯⋯5 克

鮮奶油（可用無糖豆漿代替）⋯⋯⋯⋯⋯100cc

低碳無糖麵包預拌粉⋯⋯⋯⋯⋯⋯⋯⋯⋯250 克

油封番茄（含油，作法請見 P.130）⋯⋯⋯45 克

作 法

1　酵母粉放入室溫水中活化，靜置 2 ～ 3 分鐘或產生
　　細泡。

2　將酵母水及所有材料（除了番茄油）放入盆中用手
　　揉成糰，剛開始會黏手，先蓋上醒 20 分鐘。

3　加入油封番茄的油，再揉至不黏手且成有彈性的麵
　　糰，也可使用麵包機的攪麵及發酵麵糰功能。蓋上
　　保鮮膜，放至溫暖處，發酵至兩倍大（約 50 分鐘）。

4　取出一發麵糰，分切成約 80 ～ 100 公克的小麵糰，
　　搓揉成圓球狀，再發酵 1 小時（揉麵時不要用力把
　　空氣擠掉）。

5　將烤箱／氣炸鍋預熱 180 度 10 分鐘，烤 15 ～ 20
　　分鐘。（中途噴水兩次，麵包會更可口喔！）

高熱量的漢堡也能健康吃！

低醣生酮漢堡

材料

室溫水（30 度）	120cc
酵母粉	5 克
鮮奶油（可用無糖豆漿代替）	100cc
全蛋	1 顆
低碳無糖麵包預拌粉	250 克
植物油（可用 15 克奶油代替）	15cc

營養標示 （不含配料）

○
○ 每份 一天建議量為 1 份
（1 個餐包為一份）

淨碳水化合物	2.9g
脂肪	18.4g
蛋白質	15.2g
○ 膳食纖維	11.2g
○ 熱量	230Kcal

作法

1　酵母粉放入室溫水中活化，靜置 2 ～ 3 分鐘或產生細泡。

2　將酵母水及所有材料（除了油）放入盆中用手揉成團，剛開始會黏手，先蓋上醒 20 分鐘。再加入植物油（或奶油），揉至不黏手且有彈性的麵糰（或使用麵包機的攪麵及發酵麵糰功能）。

3　蓋上保鮮膜，放至溫暖處，發酵至兩倍大。（約 50 分鐘）

4　取出一發麵糰，分切成約 80 ～ 100 公克的小麵糰，搓揉成圓球狀，再發酵 1 小時。（不要把麵糰空氣擠掉）

5　將烤箱或氣炸鍋預熱 180 度 10 分鐘，烤 15 ～ 20 分鐘。（中途噴水兩次，麵包會更可口喔！）

6　將麵包對半切開，夾入自己喜愛的配料即完成。

早晨最美好的生酮吐司

雲朵鮮奶吐司

Recipe
06

材料

溫水	120cc
鮮奶油（可用無糖豆漿代替）	120cc
雞蛋	半顆
（可使用一顆雞蛋，整體液體減少 40 cc）	
酵母粉	5 克
植物油（可用 15 g 奶油代替）	15cc
低碳無糖麵包預拌粉	250 克

營養標示

○	每份	一天建議量為 2 份
○		（1 條吐司含 9 份）
	淨碳水化合物	1.7g
	脂肪	10.7g
	蛋白質	8.9g
○	膳食纖維	5g
○	熱量	139Kcal

作法

1 酵母粉放入室溫水中活化，靜置 10 分鐘或產生細泡。

2 所有材料（常溫）放入盆中，用手揉成糰，剛開始會黏手，要揉至不黏手且成有彈性的麵糰。（手揉約 15 ～ 20 分鐘，機器約 10 分鐘；或是使用麵包機的攪麵及發酵麵糰功能）。

3 將攪拌盆蓋上保鮮膜或棉布，放至溫暖處，使麵糰發酵至兩倍大。（靜置約 50 分鐘）

4 取出麵糰，分切成三等份，捲成梭子狀，放入吐司模中。等待二次發酵至 8 分滿。（約 50 分鐘，揉麵糰時不要用力把空氣擠掉）

5 烤箱預熱 200 度，烤 26 分鐘，即完成。

Tips

- 喜歡 Q 彈口感的話可減少鮮奶油的量至 80cc。
- 吐司做好後，妥善包好，放入冰箱冷凍可保存 1 個月。
- 一包粉約可製作 2 條吐司。

Recipe
07

義式巧可核桃吐司

材 料

溫水	120cc
椰漿（可用無糖豆漿代替）	100cc
低碳無糖麵包預拌粉	250 克
全蛋	1 顆
酵母粉	5 克
椰子油（可用 15 g 奶油代替）	15cc
無糖可可粉	25 克
赤藻醣醇（可依口味調整甜度）	35 克
核桃	30 克

營養標示

○	每份	一天建議量為 2 片
○		（1 條吐司含 6 份）
	淨碳水化合物	2.2g
	脂肪	13.5g
	蛋白質	12g
○	膳食纖維	8.5g
○	熱量	180Kcal

作 法

1　酵母粉放入室溫水中活化，靜置 2 ～ 3 分鐘或產生細泡。

2　將酵母水及所有材料（除了油）放入盆中用手揉成糰，剛開始會黏手，先蓋上醒麵 20 分鐘。

3　加入植物油（或奶油），用手揉至不黏手且成有彈性的麵糰，也可使用麵包機的攪麵及發酵麵糰功能（不要用力把麵糰空氣擠掉）。蓋上保鮮膜，放至溫暖處，發酵至兩倍大（約 50 分鐘）

4　取出二發麵糰，分切成約 300 公克的麵糰，搓揉成長條狀，放入 20×8×6 公分的水果條烤模中，再讓麵糰發酵至 9 分滿。（不要用力把麵糰空氣擠掉）

5　將烤箱或氣炸鍋預熱 180 度，烤 25 分鐘，即完成。

鬆軟口感，入口香氣十足，喚醒早晨味蕾

Recipe
08

蒜香起司吐司

材 料

室溫水（30 度）	120cc
鮮奶油（可用無糖豆漿代替）	100cc
低碳無糖麵包預拌粉	250 克
全蛋	1 顆
酵母粉	5 克
植物油（可用 15 克奶油代替）	15cc
香蒜奶油醬	20 克
（可參考 P.126 的香蒜奶油醬）	
白胡椒粉	1/2t（小匙）
香蒜粉	1/2t（小匙）
洋蔥粉	1/2t（小匙）
披薩用起司	80 克
不融起司塊	少許

營養標示

○	每份	一天建議量為 2 片
○		（1 條吐司含 6 份）
	淨碳水化合物	2.2g
	脂肪	13.5g
	蛋白質	12g
○	膳食纖維	8.5g
○	熱量	180Kcal

作 法

1　酵母粉放入室溫水中活化，靜置 2 ～ 3 分鐘或產生細泡。

2　將酵母水及所有材料（除了油和不融起司）放入盆中用手揉成糰，剛開始會黏手，先蓋上醒 20 分鐘。

3　加入植物油（或奶油），用手揉至不黏手且成有彈性的麵糰，也可使用麵包機的攪麵及發酵麵糰功能。蓋上保鮮膜 放至溫暖處 發酵至兩倍大。（約 50 分鐘）

5　將一發麵糰分切成三等份，捲成長條狀，擀平，中間包入起司絲及起司塊，放入 20×8×6cm 的水果條烤模中，二發至 9 分滿。（約 50 分鐘，一、二發揉麵糰時不要用力把空氣擠掉）

6　將烤箱預熱 200 度，放入麵糰烤 25 分鐘，欲食用時切片，即完成。

Recipe
09

配料豐富、吃得心滿意足！
總匯三明治

材 料

鮮奶吐司（請參考 P.54 雲朵鮮奶吐司作法）	3 片
舒肥雞胸（鮪魚、鮭魚或其他肉類）	1 片
番茄	2 片
小黃瓜（切片）	1/2 條
美生菜	適量
切達起司	2 片
橄欖油	適量

營養標示 （不含配料）

○	每份	一天建議量為 1 份
○		（1/2 個總匯三明治為 1 份）

淨碳水化合物	2.6g
脂肪	16.0g
蛋白質	13.4g
○ 膳食纖維	7.5g
○ 熱量	208Kcal

作 法

1　將舒肥雞胸橫切成數片，備用。

2　番茄洗淨、去除蒂頭、切片備用。小黃瓜洗淨、擦乾、切片備用。美生菜洗淨、剝成適當大小，瀝乾備用。

3　取一平底鍋，開小火，倒入橄欖油煎香吐司片。（也可以用烤麵包機或烤箱替代）

4　將食材依序堆疊、組裝成三層的總匯三明治，即完成。（要上桌時先插上竹籤固定，再對切成長方形，或是斜切成三角形，方便入口喔！）

波斯風情的神奇口袋餅

Pita 口袋餅

Recipe
10

材 料

室溫水（30 度）	330cc
酵母粉	8 克
低碳無糖中式麵點預拌粉	500 克
橄欖油	15cc

營養標示 （不含配料）

○ 每份　　一天建議量為 2 份
○ 　　　　（70 克口袋餅為 1 份）

淨碳水化合物	3.3g
脂肪	10.3g
蛋白質	11.5g
○ 膳食纖維	4.8g
○ 熱量	158Kcal

作 法

1　酵母粉放入室溫水中活化，靜置 2 ～ 3 分鐘或產生細泡。

2　將酵母水及所有材料（除了油）放入盆中用手揉成糰，剛開始會黏手，先蓋
　　上醒 20 分鐘。加入植物油（或奶油），再揉至不黏手且有彈性的麵糰（或
　　使用麵包機的攪麵及發酵麵糰功能）。

3　蓋上保鮮膜，放至溫暖處醒麵發酵，約 20 分鐘。（不用發至兩倍大）

4　取出麵糰，分切成約 80 克小麵糰。搓揉成圓球狀，稍微擀開，蓋起來讓麵
　　糰鬆弛約 20 分鐘。

5　將鬆弛好的麵糰　開成約手掌大的薄片，再蓋起醒麵 20 分鐘。

6　取一平底鍋，開火加熱至約 200 度後轉中小火，放入餅皮，用手翻面 3 ～ 4
　　次，直到餅皮鼓成球狀。

___Tips___

• 烤箱作法：烤盤放入烤箱中預熱至 230 度，放入餅皮約 3 ～ 4 分鐘，餅皮鼓成球狀即可。
　烤箱溫度不夠，麵糰會鼓不起來，因此烤箱加熱時要連烤盤一起加熱。

鹹香 Q 潤的低碳小可頌

無負擔鹽可頌

材 料

室溫水（30 度）	240cc
低碳無糖麵包預拌粉	500 克
鮮奶油（可用無糖豆漿代替）	200cc
全蛋	1 顆
酵母粉	10 克
奶油（麵糰用）	30 克
奶油（內餡用）	150 克
海鹽	少許

營養標示

○	每份	一天建議量為 1 份
○		（1 個麵包含 1 份）
	淨碳水化合物	2.3g
	脂肪	25.6g
	蛋白質	12.3g
○	膳食纖維	9.1g
○	熱量	280Kcal

作 法

1　酵母粉放入室溫水中活化，靜置 2 ～ 3 分鐘或產生細泡。

2　將酵母水及所有材料（除了油和 7 的 150 克內餡奶油）放入盆中用手揉成糰。剛開始會黏手，先蓋上醒 20 分鐘，再加入植物油（或奶油），再揉至不黏手且有彈性的麵糰（或使用麵包機的攪麵及發酵麵糰功能）。

3　蓋上保鮮膜，放至溫暖處，靜置約 20 分鐘，不用發酵至兩倍大。

4　將 150 克的奶油切成 15 份，備用。

5　取出麵糰，分切成 70 克小麵糰，搓成上粗下細的雞腿狀。把麵糰擀成上寬下窄，擀好的麵皮在寬處放入 10 克奶油。

6　將麵糰從寬處往下捲起，側邊要壓緊。再放至溫暖處二發，約 50 分鐘。

7　將烤箱預熱 200 度，烤 18 分鐘，烤完再灑上海鹽，即完成。

Tips
- 步驟 6 中，擀好的麵糰寬度決定麵包大小，長度決定可頌的層次。
- 冷凍可保存 1 個月。
- 一包粉約可製作 12 個可頌。

酥脆又有咬勁的餅皮，可甜可鹹

噴香印度烤餅

材 料

酵母粉	4 克
室溫水（30 度）	150cc
低碳無糖中式麵點預拌粉	250 克
原味優格	50 克
香蒜奶油醬	25 克

（請參考 P.126 香蒜奶油醬作法）

香菜末	10 克

營養標示

每份 一天建議量為 1 份	
（100 克印度烤餅為 1 份）	
淨碳水化合物	6.6g
脂肪	24g
蛋白質	23g
膳食纖維	9.6g
熱量	334Kcal

作 法

1　酵母粉放入室溫水中活化，靜置 2～3 分鐘或產生細泡。

2　將酵母水及原味優格放入預拌粉中，用手揉成不黏手且成有彈性的麵糰。
　（剛開始會黏手，可以加蓋，等 20 分鐘後再揉）

3　蓋上保鮮膜，放至溫暖處，醒麵發酵約 20 分鐘，不用發至 2 倍大。（或使
　用麵包機的攪麵及發酵麵糰功能）

4　取出麵糰，分切成 4 個約 110g 的劑子（小麵糰），搓揉成圓球狀，蓋起鬆
　弛 20 分鐘。

5　用手指將麵糰壓扁，再用雙手將麵糰交互摔打成眼淚狀（上寬下窄）的大薄
　片，再蓋起醒麵 10 分鐘。

6　取一平底鍋，加熱至約 200 度，轉中小火，放入餅皮烘烤，用手翻面 3～4
　次，直至餅皮成金黃色並起大小泡泡，即可起鍋。上桌前塗抹香蒜奶油醬並
　撒上香菜末點綴即完成。

Tips

• 氣炸鍋作法：麵皮噴上少許油，放入氣炸鍋
　以 200 度烤 8～10 分鐘，出鍋前塗抹香蒜
　奶油醬並撒上香菜即可。
• 冷凍可保存 1 個月。
• 一包粉約可製作 8 片印度烤餅。

67

最經典的披薩，簡單就是美味！

Recipe
13

瑪格莉特披薩

材 料

室溫水（30 度）	330cc
低碳無糖中式麵點預拌粉	500 克
酵母粉	8 克
橄欖油	15cc
油封番茄醬（蕃茄紅醬）	適量
披薩用起司絲	適量
羅勒（九層塔）	適量

營養標示 （不含醬料及配料）

○ 每份 　　　一天建議量為 2 份
○ 　　　　　（70 克披薩餅皮為 1 份）

淨碳水化合物	3.3g
脂肪	10.3g
蛋白質	11.5g
○ 膳食纖維	4.8g
○ 熱量	158Kcal

作 法

1　酵母粉放入室溫水中活化，靜置 2 ～ 3 分鐘或產生細泡。

2　酵母水及所有材料（除了油）放入盆中用手揉成糰，剛開始會黏手，先蓋上保鮮膜或布巾醒 20 分鐘，加上植物油（或奶油），再揉至不黏手且有彈性的麵糰。（或使用麵包機的攪麵及發酵麵糰功能）

3　蓋上保鮮膜，放至溫暖處，醒麵發酵（約 20 分鐘），不用發至 2 倍大。

4　將麵糰分切成約 80g 大小，搓揉成圓球狀，稍微　開後，蓋起鬆弛 20 分鐘。

5　再將麵糰　開成約手掌大薄片，蓋起醒麵 20 分鐘，

6　取一平底鍋，開火熱鍋後，轉中小火，放入餅皮，用手翻面 3 ～ 4 次，直到餅皮呈金黃色。（烤箱作法：烤盤放入烤箱中預熱至 200 度，放入餅皮約 3 ～ 4 分鐘即可出爐。）

7　取出烤好的餅皮，均勻塗滿番茄紅醬或是油封番茄醬，鋪上起司絲，再放上羅勒（九層塔）。

8　將餅皮放入烤箱 200 度（或氣炸鍋 200 度）3 ～ 4 分鐘，直至起司融化，即完成。

Tips

• 烤好的餅皮可以密封保存冷凍一個月，要吃的時候再拿出來用平底鍋、烤箱或氣炸鍋烘烤就好囉。
• 一包粉約可製作 15 片披薩皮。

隨心所欲、適合發揮創意的低醣捲餅

Recipe 14

創意墨西哥捲餅

材料

低碳無糖麵包粉 ································· 100 克

（或中式麵點預拌粉）

熱水 ······················· 60cc

冷水 ······················· 20cc

橄欖油 ······················· 10cc

營養標示 （不含配料）

○	每份	一天建議量為 2 份
○		（80 克墨西哥捲餅為 1 份）
	淨碳水化合物	4.7g
	脂肪	11.7g
	蛋白質	22g
○	膳食纖維	9.0g
○	熱量	210Kcal

作法

1　慢慢將熱水倒入到預拌粉中，用筷子攪拌，稍涼後再加入冷水，持續攪拌至不燙手。

2　用手揉製成糰至不黏手，用保鮮膜或布巾蓋住，醒麵 20 分鐘以上。

3　再揉麵約 1 ～ 2 分鐘，蓋住麵糰，醒麵 1 小時。

4　將麵糰分切成 2 等份，一個約 90 克。將麵糰擀平（若擀不開，表示醒麵時間不夠），再把麵皮蓋上，靜置 15 分鐘。

5　取一平底鍋加熱（不需加油），放入麵皮，不停翻面。乾鍋烘烤約 1 ～ 2 分鐘，直至兩面微微金黃即可。（不要煎太乾，捲食物時容易裂開）

6　可以隨自己口味，包入酪梨莎莎醬（可參考 P.128 的酪梨莎莎醬食譜），各式肉類、海鮮、蔬菜及蛋料理。

―― Tips ――

•餅皮起鍋後，可以用乾布包住，既保溫且不易乾掉。

•餅皮做好後密封保存可以冷凍 1 個月。

•一包粉約可製作 10 片墨西哥捲餅。

Recipe
15

微苦微甜的滋味，像極了人生

甜美巧克力派

材料

派皮

低碳無糖餅乾預拌粉 ⋯⋯⋯⋯⋯⋯⋯ 150 克

奶油 ⋯⋯⋯⋯⋯⋯⋯⋯⋯⋯⋯⋯⋯⋯ 100 克

雞蛋 ⋯⋯⋯⋯⋯⋯⋯⋯⋯⋯⋯⋯⋯⋯ 1 顆

6 吋派模型 ⋯⋯⋯⋯⋯⋯⋯⋯⋯⋯⋯ 1 個

巧克力餡

赤藻醣醇（可依口味調整甜度）⋯⋯ 50 克

無糖可可粉 ⋯⋯⋯⋯⋯⋯⋯⋯⋯⋯ 100 克

椰漿 ⋯⋯⋯⋯⋯⋯⋯⋯⋯⋯⋯⋯⋯ 80cc

鮮奶油 ⋯⋯⋯⋯⋯⋯⋯⋯⋯⋯⋯⋯ 50cc

無糖豆漿 ⋯⋯⋯⋯⋯⋯⋯⋯⋯⋯⋯ 50cc

雞蛋 ⋯⋯⋯⋯⋯⋯⋯⋯⋯⋯⋯⋯⋯ 1 顆

奶油 ⋯⋯⋯⋯⋯⋯⋯⋯⋯⋯⋯⋯⋯ 30 克

萊姆酒 ⋯⋯⋯⋯⋯⋯⋯⋯⋯⋯⋯⋯ 8cc

營養標示 （僅指派皮）

○	每份	一天建議量為 1 份
○		（1/6 個生派為 1 份）
	淨碳水化合物	5.0g
	脂肪	24g
	蛋白質	5.0g
○	膳食纖維	7.0g
○	熱量	256Kcal

Tips

• 派做好後冷凍可保存 1 個月。

• 一包粉約可製作 3 個 6 吋的派皮。

作法

塔皮

1　將奶油隔水軟化，打入雞蛋一起打發。

2　加入低碳無糖餅乾預拌粉、用刮勺拌均勻，形成麵糰。

3　將麵糰壓入派皮模型（6 吋）中，用派石壓住。（用派石壓派皮，烤出來的派皮會較平整，若沒有派石，也可省略）

4　烤箱預熱至 180 ～ 200 度，將派皮放入烤箱，烘烤時間約 18 分鐘，塔皮烤定型後備用。

巧克力餡

1　將所有材料（除了萊姆酒）放入盆中，攪拌均勻。

2　將材料隔水加熱，邊攪拌邊加熱至 80 度。

3　離火，加入萊姆酒並攪拌均勻。

3　將巧克力餡倒入烤好的派皮中，待涼。冷藏一晚，等上層凝固即可切開享用。

酸酸甜甜加上酥鬆的派皮，夏天限定的好味道

清爽檸檬派

材 料

塔皮

低碳無糖餅乾預拌粉	150 克
奶油	100 克
雞蛋	1 顆
6 吋派模型	1 個

檸檬餡

赤藻醣醇（可依個人口味調整甜度）	80 克
檸檬汁	80cc
雞蛋	2 顆
吉利丁片	2 片
奶油	50 克

營養標示 （僅指派皮）

○ 每份	一天建議量為 1 份
○	（1/6 個生派為 1 份）
淨碳水化合物	5.0g
脂肪	24g
蛋白質	5.0g
○ 膳食纖維	7.0g
○ 熱量	256Kcal

作 法

派皮

1　將奶油隔水軟化，打入雞蛋一起打發。

2　加入低碳無糖餅乾預拌粉、用刮勺拌均勻，形成麵糰。

3　將麵糰壓入派皮模型（6 吋）中，用派石壓住。（用派石壓派皮，烤出來的派皮會較平整，若沒有派石，也可省略）

4　烤箱預熱至 180 ～ 200 度，將派皮放入烤箱，烘烤時間約 18 分鐘，塔皮烤定型後備用。

檸檬餡

1　將赤藻醣醇、檸檬汁及雞蛋放入盆中，用攪拌器攪拌、打發。

2　將材料隔水加熱，放入吉利丁片，邊攪拌邊加熱至 80 度。

3　離火，加入奶油並攪拌均勻。

4　將檸檬餡倒入烤好的派皮中，待涼。冷藏一晚，等上層凝固即可切開享用。

Tips
- 派做好後冷凍可保存 1 個月。
- 一包粉約可製作 3 個 6 吋的派皮。

濕潤扎實的口感，零失敗超簡單作法

濃郁布朗尼

營養標示

○ 每份	一天建議量為 1 片
○	（1/10 片布朗尼為 1 份）
淨碳水化合物	1.4g
脂肪	12.8g
蛋白質	3.5g
○ 膳食纖維	3.5g
○ 熱量	140Kcal

材料

蛋糕鬆餅預拌粉⋯⋯⋯⋯⋯⋯⋯⋯⋯200 克

鮮奶油⋯⋯⋯⋯⋯⋯⋯⋯⋯⋯⋯⋯100cc

雞蛋⋯⋯⋯⋯⋯⋯⋯⋯⋯⋯⋯⋯⋯2 顆

無糖花生醬⋯⋯⋯⋯⋯⋯⋯⋯⋯⋯25 克

無糖可可粉⋯⋯⋯⋯⋯⋯⋯⋯⋯⋯100 克

熱水⋯⋯⋯⋯⋯⋯⋯⋯⋯⋯⋯⋯⋯60cc

水果條烤模⋯⋯⋯⋯⋯⋯⋯⋯⋯⋯1 個

作法

1　將可可粉放入盆中，加入熱水融化，攪拌均勻。

2　將所有材料放入，攪拌均勻。

3　可可醬倒入 20×8×6cm 的水果條烤模中，用刮杓壓平整形。

4　烤箱預熱 180 度，將烤模放入烤箱，烘烤 25 分鐘，即完成。

Tips

•冷凍可保存 1 個月。

•一包粉約可製作 4 條布朗尼。

杏粉椰絲球

營養標示

○	一天建議量為 2 份	
○	（1 顆椰絲球為 1 份）	
	淨碳水化合物	1.4g
	脂肪	2g
	蛋白質	8g
○	膳食纖維	4.6g
○	熱量	68Kcal

材 料

杏仁粉（馬卡龍烘培杏仁粉）⋯⋯⋯⋯⋯⋯⋯ 150 克

椰子蓉 ⋯⋯⋯⋯⋯⋯⋯⋯⋯⋯⋯⋯⋯⋯⋯⋯ 200 克

無糖豆漿（或鮮奶）⋯⋯⋯⋯⋯⋯⋯⋯⋯⋯ 80cc

鮮奶油 ⋯⋯⋯⋯⋯⋯⋯⋯⋯⋯⋯⋯⋯⋯⋯⋯ 80cc

雞蛋 ⋯⋯⋯⋯⋯⋯⋯⋯⋯⋯⋯⋯⋯⋯⋯⋯⋯ 5 顆

赤藻糖醇（可依口味調整甜度）⋯⋯⋯⋯⋯⋯ 20 克

作 法

1　將無糖豆漿（或鮮奶）及鮮奶油隔水加熱至 60 度（可用電鍋加熱）。

2　將 5 顆雞蛋打勻，放入所有材料攪拌均勻，密蓋，放入冷凍庫冰一晚或成半結冰狀態（約 5 小時）。

3　將半冷凍麵糰用手捏出約 30 克的小糰，用手掌搓成圓形。（約可做 24 顆）

4　將烤箱加熱至 180 度，放入椰絲球，烤 18 分鐘，即可出爐。

─Tips─
冷凍可保存 1 個月。

Recipe
19

鬆軟濕潤、風味濃郁的獨特滋味，令人無法抗拒

鬆軟肉桂捲

材料

麵糰

室溫水（30度）⋯⋯⋯⋯⋯⋯⋯200cc

低碳無糖中式麵點預拌粉⋯⋯⋯250克

酵母粉⋯⋯⋯⋯⋯⋯⋯⋯⋯5克

奶油（或橄欖油）⋯⋯⋯⋯⋯⋯12克

赤藻糖醇⋯⋯⋯⋯⋯⋯⋯⋯⋯25克

肉桂糖

融化奶油⋯⋯⋯⋯⋯⋯⋯⋯⋯60克

赤藻糖醇⋯⋯⋯⋯⋯⋯⋯⋯⋯80克

肉桂粉⋯⋯⋯⋯⋯⋯⋯⋯⋯20克

營養標示

○	每份	一天建議量為1份
○		（1個肉桂捲為1份）
	淨碳水化合物	2.7g
	脂肪	19g
	蛋白質	8.8g
○	膳食纖維	4.5g
○	熱量	217Kcal

作法

1　酵母粉放入室溫水中活化，靜置2～3分鐘或產生細泡。

2　將酵母水及所有材料（除了油和肉桂糖）放入盆中用手揉成糰，剛開始會黏手，先蓋上醒20分鐘，加上植物油（或奶油），再揉至不黏手且成有彈性的麵糰（或使用麵包機的攪麵及發酵麵糰功能）。

3　蓋上保鮮膜，放至溫暖處，醒麵發酵20分鐘。（不用發酵至2倍大）

4　將麵糰擀開成長方形（30×25cm）的大薄片，將混合均勻的肉桂糖平均塗抹整張麵皮。

5　將麵皮捲起成長條狀，分切成5cm大小的小麵糰（可切成6個）。

6　將麵糰放入錫箔烤模中，再次發酵1～2小時。（因一發空氣已擀平，二發時間需延長）

7　將烤盤放入烤箱中預熱至200度。

8　麵糰放入烤箱，設置烤溫上下火200度，烤20分鐘，即完成。

Tips
• 冷凍可保存1個月。
• 一包粉約可製作10～12個肉桂捲。

超簡單、無難度的美式早餐選擇

經典美式鬆餅

營養標示

○	每份	一天建議量為 1 片
○		（1 片鬆餅為 1 份）
	淨碳水化合物	1.2g
	脂肪	23.9g
	蛋白質	5g
○	膳食纖維	4.5g
○	熱量	298Kcal

材 料

低碳無糖蛋糕鬆餅預拌粉⋯⋯⋯⋯⋯⋯50 克

奶油（可用植物油代替）⋯⋯⋯⋯⋯⋯15 克

鮮奶油⋯⋯⋯⋯⋯⋯⋯⋯⋯⋯⋯⋯⋯25cc

雞蛋⋯⋯⋯⋯⋯⋯⋯⋯⋯⋯⋯⋯⋯⋯1 顆

作 法

1　取一盆，放入奶油、鮮奶油和蛋混合，打勻。

2　加入預拌粉，攪拌均勻。

3　取一平底鍋，開火加熱，待鍋熱後轉中小火，塗抹奶油，再把拌勻的麵糊倒入平底鍋，厚度約為 1～2cm。

4　用中小火煎約 3 分鐘後再翻面煎約 3 分鐘，煎至兩面金黃，即可起鍋。（可隨個人愛好，淋上鮮奶油、無糖花生醬等添增風味。）

Tips
• 冷凍可保存 1 個月。
• 一包粉約可製作 16 片鬆餅。

檸檬獨有的果香從鼻尖沁入，讓蛋糕更爽口

清香檸檬磅蛋糕

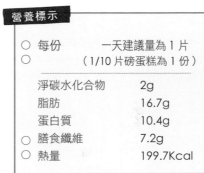

營養標示

○ 每份　　　　一天建議量為 1 片
○ 　　　　　　（1/10 片磅蛋糕為 1 份）

淨碳水化合物	2g
脂肪	16.7g
蛋白質	10.4g
○ 膳食纖維	7.2g
○ 熱量	199.7Kcal

材 料

低碳無糖蛋糕鬆餅預拌粉⋯⋯⋯⋯⋯⋯200 克

奶油（可用植物油代替）⋯⋯⋯⋯⋯⋯80 克

檸檬汁⋯⋯⋯⋯⋯⋯⋯⋯⋯⋯⋯⋯⋯20cc

鮮奶油⋯⋯⋯⋯⋯⋯⋯⋯⋯⋯⋯⋯⋯80cc

雞蛋⋯⋯⋯⋯⋯⋯⋯⋯⋯⋯⋯⋯⋯⋯4 顆

水果條烤模⋯⋯⋯⋯⋯⋯⋯⋯⋯⋯⋯1 個

作 法

1　取一盆，放入軟化奶油、雞蛋打發。

2　加入預拌粉、檸檬汁及鮮奶油攪拌均勻。

3　將麵糊倒入 20×8×6cm 的水果條烤模中。

4　烤箱預熱210度，烤模放入烤箱烘烤。烤15分鐘後，用小刀在中間切一條裂痕，再繼續烤 15 分鐘，即可完成。

Tips

• 磅蛋糕做好後，放置冷凍可保存 1 個月。
• 一包粉約可製作 2 條磅蛋糕。

Chapter
02

低碳預拌粉

中式飄香料理

家常料理也能吃得輕鬆無負擔

Recipe
22

咀嚼後散發麵粉香的傳統好味道

Q 彈 麵 香 饅 頭

材 料

室溫水（30 度）⋯⋯⋯⋯⋯⋯⋯ 200 cc

低碳無糖中式麵點預拌粉⋯⋯⋯ 250 克

酵母粉⋯⋯⋯⋯⋯⋯⋯⋯⋯⋯ 5 克

營養標示

○	每份	一天建議量 1 份
○		（1 個饅頭為 1 份）
	淨碳水化合物	5.5g
	脂肪	17.3g
	蛋白質	19.2g
○	膳食纖維	8.0g
○	熱量	264Kcal

作 法

1　酵母粉放入室溫水中活化，靜置 2 ～ 3 分鐘或產生細泡。

2　將酵母水及所有材料放入盆中用手揉成糰，剛開始會黏手，先用棉布或保鮮膜蓋上醒 20 分鐘，再揉至不黏手且成有彈性的麵糰。（或使用麵包機的攪麵及發酵麵糰功能）

3　蓋上保鮮膜，放至溫暖處，約 20 分鐘。（一發不用發至兩倍大）

4　取出麵糰，擀開成長方形（30×25cm）的薄片（厚度約 2mm）。

5　將麵皮捲起成長條狀，直徑約 4cm。分切成 5cm 大小的劑子（可切 6 份），把麵糰放在烘培紙上，放置蒸籠內，不要蓋蓋子，發酵至麵糰長大 2 倍，即為二發。（二發時間較長，因為一發麵糰中的空氣被擀出，二發時間約 1 ～ 2 小時）

6　開火，待水滾後，加蓋，蒸 12 分鐘。（蓋子如果會滴水，建議用布巾將蓋子包住，因為若水滴下會讓饅頭表面因吃水而潮濕）

7　關火，放置 2 分鐘再開蓋，可避免饅頭塌陷。

Tips
• 冷凍可保存 1 個月。
• 一包粉約可製作 10 ～ 12 個饅頭。

Recipe
23

清香又有麵點香氣，涮嘴的好滋味

涮嘴蔥花捲

材 料

室溫水（30度）⋯⋯⋯⋯⋯⋯⋯ 200 cc

低碳無糖中式麵點預拌粉⋯⋯⋯⋯ 250 克

酵母粉⋯⋯⋯⋯⋯⋯⋯⋯⋯⋯ 5 克

蔥油醬（可參考 P.130 蔥油醬作法）⋯⋯ 適量

營養標示	（不含蔥油醬）	
○ 每份	一天建議量 1 份	
○	（1個蔥花捲為 1 份）	
淨碳水化合物	4.6g	
脂肪	13.8g	
蛋白質	15.4g	
○ 膳食纖維	6.4g	
○ 熱量	211Kcal	

作 法

1　酵母粉放入室溫水中活化，靜置 2 ～ 3 分鐘或產生細泡。

2　將酵母水及所有材料（除了蔥油醬）放入盆中用手揉成糰，剛開始會黏手，
　先蓋上醒 20 分鐘，再揉至不黏手且成有彈性的麵糰。蓋上保鮮膜，放至溫
　暖處。第一次醒麵發酵 20 分鐘，不用發至兩倍大。（或使用麵包機的攪麵
　及發酵麵糰功能）

3　取出麵糰擀開成長方形（30×25cm）的薄片（厚度約 2mm）。將蔥油醬
　均勻塗抹在麵皮上。

4　從靠身體這一側的麵皮開始捲起，邊捲邊收緊，末端用手壓扁黏合。

5　將麵糰分切成 6 個梯形形狀的劑子（小麵糰），用筷子從中間壓到底，不要
　壓斷。

6　將麵糰放在烘培紙上，放到蒸籠內，不要蓋蓋子。（第 2 次發酵時間較長，
　至麵糰長大 2 倍需要約 1 ～ 2 小時，是因為一發的空氣被擀出，所以二發時
　間要延長。）

7　開火，待水滾後，加蓋，蒸 12 分鐘。（蓋子如果會滴水，建議用布巾將蓋
　子包住，因為若水滴下會讓饅頭表面因吃水而潮濕）

8　關火，放置 2 分鐘再開蓋，可避免花捲塌陷。

Tips
•冷凍可保存 1 個月。
•一包粉約可製作 12 個蔥花捲。

材 料

包子皮

室溫水（30 度）	200 cc
低碳無糖中式麵點預拌粉	250 克
酵母粉	5 克

餡料

豬絞肉	200 克
鹹蛋黃（切半）	4 個
青蔥	50 克
薑	10 克
蒜仁	10 克
蛋	1 顆
無糖低碳麵包預拌粉	15 克
鹽	1/2t（小匙）

白胡椒	1/2t（小匙）
醬油	1 T（大匙）
香油	1T（大匙）
飲用水或高湯	30cc

營養標示

○	每份	一天建議量 1 個
○		（1 個包子為 1 份）
	淨碳水化合物	7.5g
	脂肪	20.4g
	蛋白質	21.1g
○	膳食纖維	8.7g
○	熱量	308Kcal

Recipe
24

鴨蛋獨有油香與鮮甜肉汁交織出的好滋味

鹹蛋黃肉包

作法

包子皮

1　酵母粉放入室溫水中活化，靜置 2 ～ 3 分鐘或產生細泡。

2　將酵母水及所有材料放入盆中用手揉成糰，剛開始會黏手，先蓋上醒 20 分鐘，再揉至不黏手且成有彈性的麵糰（或使用麵包機的攪麵及發酵麵糰功能）。蓋上保鮮膜，放至溫暖處，不用發酵至兩倍大（約 20 分鐘）。

3　取出麵糰，分切成 8 份（約 55 公克）的劑子（小麵糰）。密蓋醒麵 10 分鐘。

4　用手把皮壓扁（不要太用力擠掉空氣），再用擀麵棍擀成外薄內厚的麵皮，直徑約 10cm。（若擀不開，表示醒麵時間不足；擀太薄包子會發不起來）

5　放入肉餡（約 30 克）及半顆蛋黃在麵皮上，折出摺子包起並收緊。

6　將包子放在烘培紙上，放入蒸籠內，不要蓋蓋子。使包子發酵至 1.5 倍大（約 30 分鐘）。

7　開火，待水滾後，加蓋，蒸 14 分鐘。（蓋子如果會滴水，建議用布巾將蓋子包住，因為水若滴下會讓包子皮因吃水而潮濕）

8　關火後，先放置 2 分鐘再開蓋，避免包子塌陷。

包子餡

1　把蔥、薑、蒜仁洗淨、切碎備用。

2　取一盆放入絞肉、蔥、薑、蒜末、蛋，及所有調味料。

3　用手同一方向攪拌餡料直至黏稠，再慢慢加入 30cc 飲用水或高湯，繼續攪拌。（此動作稱為「打水」，會使肉餡更滑嫩）

4　肉餡放到冰箱冷藏一小時再包。

Tips
- 豬絞肉的肥瘦比例為 7（瘦）：3（肥），並請老闆絞兩次（細絞）。
- 鹹蛋黃可噴少許高粱酒或米酒在上頭，去腥提味。
- 冷凍可保存 1 個月。
- 一包粉約可製作 16 個包子。

Recipe
25

生酮也能享用的 Q 彈麵條

戀 戀 手 擀 麵

材 料

冷水（或等量的鴨蛋）⋯⋯⋯⋯⋯⋯⋯⋯120cc

低碳無糖中式麵點預拌粉⋯⋯⋯⋯⋯⋯250 克

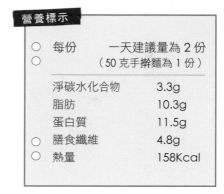

營養標示

○	每份	一天建議量為 2 份
○		（50 克手擀麵為 1 份）
	淨碳水化合物	3.3g
	脂肪	10.3g
	蛋白質	11.5g
○	膳食纖維	4.8g
○	熱量	158Kcal

作 法

1 將預拌粉放入盆中，慢慢加入冷水，攪拌成絮狀，再揉成糰。（也可使用麵
包機的攪麵功能）

2 蓋上保鮮膜，靜置麵糰 1 小時以上，或放冰箱冷藏一晚。

3 將麵糰擀平成約 1mm 的薄片，均勻撒些手粉（高筋麵粉），避免沾黏。把
薄片折成數折，切成喜愛的粗細，即完成。

___ Tips ___

• 切好的麵條可以用衣架懸掛晾乾，後續可以冷凍或冷藏保存。
• 冷凍可保存 1 個月。
• 一包粉約可製作 750 克的手擀麵。

※ 照片為麵條未煮前之示意圖

營養標示 （不含牛肉湯）

○ 每份　　　一天建議量為 2 份
○ 　　　　　（50 克手擀麵為 1 份）
─────────────────────
淨碳水化合物　　　3.3g
脂肪　　　　　　　10.3g
蛋白質　　　　　　11.5g
○ 膳食纖維　　　　　4.8g
○ 熱量　　　　　　　158Kcal

Recipe
26

香氣馥郁、濃口鹹香的好滋味

番茄牛肉麵

材料

麵條

冷水	120cc
低碳無糖中式麵點預拌粉	250 克

牛肉湯

牛腱	1 條
牛番茄	2 顆
洋蔥	1 顆
胡蘿蔔	1 根
白蘿蔔	1 根
醬油	70cc
水	適量
滷包	1 包
豆瓣醬	少許
沙拉油	適量

作法

麵條

1　將預拌粉放入盆中，慢慢加入水，攪拌成絮狀，再揉成糰。（也可使用麵包機的攪麵功能）

2　蓋上保鮮膜，靜置麵糰 1 小時以上，或放冰箱冷藏一晚。

3　將麵糰擀平成約 1mm 的薄片，均勻撒些手粉（高筋麵粉），避免沾黏。把薄片折成數折，切成喜愛的粗細，即完成。

牛肉湯

1　煮一鍋熱水，牛腱洗淨、切塊，放入熱水川燙，備用。

2　牛番茄洗淨、去除蒂頭、切塊，備用。洋蔥洗淨、切去蒂頭、去皮、切塊，備用。胡蘿蔔和白蘿蔔洗淨、刨去外皮、切塊，備用。

3　取一鍋，開中大火倒入適量油，油熱後放入洋蔥炒軟、呈半透明狀。

4　放入牛腱翻炒，加入牛番茄、醬油、水、滷包、豆瓣醬。水量要淹過食材（高於食材 5 ～ 10cm），開大火煮滾後轉中小火，悶煮 1 小時。

5　放入紅、白蘿蔔，大火煮滾後轉中小火，悶煮半小時。

Recipe
27

一口吃下，美味又營養滿分

水餃

材 料

餃子皮

冷水⋯⋯⋯⋯⋯⋯⋯⋯⋯⋯⋯⋯⋯⋯110cc

低碳無糖中式麵點預拌粉⋯⋯⋯⋯⋯250 克

內餡

可參考 P.92 鹹蛋黃肉包的餡料再加上自己喜歡
的蔬菜

營養標示 （不含內餡）

○ 每份	一天建議量為 10 份	
○	（1 張水餃皮為 1 份）	
淨碳水化合物	0.7g	
脂肪	2.2g	
蛋白質	2.4g	
○ 膳食纖維	1g	
○ 熱量	33Kcal	

作 法

1　將預拌粉放入盆中，慢慢加入水，攪拌成雲絮狀，用手揉 1 分鐘。用保鮮膜
　　或布巾蓋住麵糰，醒麵 20 分鐘。

2　用手再揉 2 分鐘後蓋上保鮮膜或布巾，靜置麵糰 1 小時以上，或放至冰箱冰
　　一晚。

3　取出麵糰，擀平成約 1mm 的薄片，拿圓形杯子或模具切割成適當大小。（若
　　麵糰擀不開，表示醒麵時間不足）

4　攤開麵皮，包入內餡，沾點水塗在麵皮外圈使其容易黏合，對摺壓緊，餃子
　　即完成。

—— Tips ——
• 若內餡加入蔬菜，務必要將水分擰乾，否則包入麵皮後，
　麵皮太濕會無法黏緊。
• 冷凍可保存 1 個月。
• 一包粉約可製作 40 片水餃皮。

※ 照片為水餃未煮前之示意圖

材 料

餅皮

酵母粉	3 克
室溫水（30 度）	75cc
熱開水	100cc
低碳無糖中式麵點預拌粉	250 克
橄欖油	15cc

內餡

雞蛋	4 顆
冬粉	1 把
韭菜	150 克
醬油	少許
鹽	1t（小匙）
胡椒粉	1t（小匙）
香蒜粉	1t（小匙）

營養標示

○ 每份	一天建議量為 1 份
○	（1 個韭菜盒子為 1 份）
淨碳水化合物	4.1g
脂肪	12.9g
蛋白質	14.4g
○ 膳食纖維	6.0g
○ 熱量	190Kcal

Recipe
28

鹹香有味的中式經典點心

必吃韭菜盒子

作法

餅皮

1　酵母粉放入室溫水活化，靜置 2 ～ 3 分鐘或產生細泡。

2　100cc 熱開水慢慢加入預拌粉中（燙麵），用筷子攪拌成雲絮狀。將酵母水及橄欖油放入燙麵中，用手揉成糰。剛開始會黏手，先用保鮮膜蓋上醒 20 分鐘，再揉約 2 ～ 3 分鐘成糰。

3　蓋上保鮮膜，放至溫暖處，醒麵發酵約 1 小時。（不用發至 2 倍大）

4　取出麵糰，分切成約 100g 大小（約 4 個），搓揉成圓球狀，稍微擀開，再蓋起、鬆弛 20 分鐘。

5　將麵糰擀開成約 20cm 的薄片（約一個手掌大小），麵皮中間放入占 1/4 面積的韭菜餡料，麵皮對折成半圓形，將邊緣壓緊，摺出花紋。

6　取一平底鍋，開中火，倒入少許油加熱，油熱後放入韭菜盒子，先將一面煎至金黃定型，再翻面續煎至兩面金黃，即可起鍋。

內餡

1　取一油鍋，開火熱油，將雞蛋攪打均勻後，倒入油鍋炒成蛋碎。

2　韭菜洗淨、挑去黃葉、切成小段。

3　冬粉用冷水泡軟後，瀝乾，切成小段。

4　將冬粉、韭菜、蛋碎與醬油、鹽、胡椒粉及香蒜粉拌勻，備用。

Tips
• 冷凍可保存 1 個月。
• 一包粉約可製作 8 個韭菜盒子。

Recipe
29

蔥甜與香氣四溢的生酮蔥油餅

鹹香蔥油餅

材料

熱水	60cc
冷水	20cc
低碳無糖中式麵點預拌粉	100 克
蔥油醬（可參考 P.130 蔥油醬做法）	20 克
胡椒鹽（依個人口味調整）	適量

營養標示

○	每份	一天建議量 2 份
○		（60 克蔥油餅為 1 份）
	淨碳水化合物	3.3g
	脂肪	20g
	蛋白質	11.5g
○	膳食纖維	4.8g
○	熱量	248Kcal

作法

1　慢慢放入熱水至預拌粉中，用筷子攪拌，再加入冷水，持續攪拌至不燙手。

2　用手揉製成糰至不黏手，用保鮮膜或布巾蓋住，醒麵 30 分鐘以上，或放入冰箱一晚。

3　取出麵糰，用擀麵棍擀平（若擀不開，表示醒麵時間不夠），麵糰表面均勻塗上 20g 蔥油醬。

4　將麵糰捲成長條狀，兩端捏緊，再捲成蝸牛狀。用保鮮膜或布巾蓋上，靜置麵糰 30 分鐘以上，或放冰箱隔夜，隔天再煎會更美味。

5　取一平底鍋，空鍋加熱（不需加油）。將麵糰擀平（或用手壓平），放入蔥油餅煎 3 分鐘，翻面續煎，鍋邊淋上少許油，煎至面金黃即可。

6　起鍋，將蔥油餅切片、呈盤，撒上胡椒鹽，即完成。

台式肉燥口袋餅

材 料

口袋餅（請參考 P.63 口袋餅作法）……	2 片
豬絞肉……	500 克
蒜末……	30 克
油蔥酥……	30 克
蔥花……	30 克
醬油……	70cc
赤藻醣醇……	10 克
水……	300cc

營養標示

○ 每份	一天建議量為 2 份
○	（70 克口袋餅為 1 份）
淨碳水化合物	3.3g
脂肪	10.3g
蛋白質	11.5g
○ 膳食纖維	4.8g
○ 熱量	158Kcal

作 法

1　取一鍋，開火加熱鍋子，放入豬絞肉乾炒至出油，肉色由白轉至金黃。

2　放入蒜末、油蔥酥拌炒至蒜末變色。

3　放入醬油、赤藻醣醇翻炒至上色。

4　加入水，轉大火煮滾後，轉小火，蓋上鍋蓋悶煮半小時。

5　關火，起鍋後撒上蔥花，即完成。

醬滷牛肉口袋餅

材料

口袋餅（請參考 P.63 口袋餅作法）……2 片

滷牛肉

牛腱	1 條
牛番茄	2 顆
洋蔥	1 顆
胡蘿蔔	1 根
白蘿蔔	1 根
醬油	70cc
水	適量
滷包	1 包
豆瓣醬	少許
沙拉油	適量

夾餡

牛番茄（切片）	4 片
美生菜	適量
起司片	1 片

營養標示

- 每份　　一天建議量為 2 份
  （70 克口袋餅為 1 份）

淨碳水化合物	3.3g
脂肪	10.3g
蛋白質	11.5g
膳食纖維	4.8g
熱量	158Kcal

作法

1　煮一鍋熱水，牛腱洗淨、切塊，放入熱水川燙，備用。

2　牛番茄洗淨、去除蒂頭、切塊；洋蔥洗淨、切去蒂頭、去皮、切塊；胡蘿蔔和白蘿蔔洗淨、刨去外皮、切塊，備用。

3　取一鍋，開中大火倒入適量油，油熱後放入洋蔥炒軟、呈半透明狀。

4　放入牛腱翻炒，加入牛番茄、醬油、水、滷包、豆瓣醬。水量要淹過食材（高於食材 5 ～ 10cm），開大火煮滾後轉中小火，悶煮 1 小時。

5　放入紅白蘿蔔，大火煮滾後轉中小火，悶煮半小時。

6　取出滷牛肉切片，與牛番茄、美生菜及起司片依序放入口袋餅，即完成。

低碳兼顧營養又不失風味的好味道

美味蘿蔔糕

材 料

粉漿

低碳無糖中式麵點預拌粉	250 克
燕麥粉	250 克
水	600cc

餡料

白蘿蔔絲	600 克
泡軟香菇丁	40 克
豬絞肉（或五花肉丁）	50 克
油蔥酥	20 克
黑胡椒和白胡椒	少許
鹽	1t（小匙）
水	適量
豬油（或其他油脂）	30 克

營養標示 （不含配料）

○ 每份	一天建議量為 1 份
○	（1 份約 200g 蘿蔔糕）
淨碳水化合物	7.6g
脂肪	3.6g
蛋白質	7.4g
○ 膳食纖維	4.0g
○ 熱量	108Kcal

作 法

1 將中式麵點粉、燕麥粉混合，再加入水，調成糊狀備用。

2 取一鍋，開中火熱鍋，放入豬油（或其他植物油）及白蘿蔔絲，將白蘿蔔絲炒軟後，加入水燜煮至透明狀後，撈起備用。

3 再起油鍋，炒香絞肉（或五花肉）至肉色變成微金黃色，加入油蔥酥、白胡椒、黑胡椒及鹽調味。

4 放入白蘿蔔絲拌炒均勻即可熄火，注意不要焦底。

5 將預拌粉糊倒入，攪拌均勻。

6 電鍋內鍋塗抹些油，將麵糊倒入，外鍋放 3 杯水，等待跳起即可。（若用蒸籠蒸約 50 分鐘）待其完全冷透，切片煎成兩面金黃即可。

（不含內餡）

営養標示

○ 每份　　一天建議量為 1 份
○ （100 克粽體〔麵糰〕為 1 份）

淨碳水化合物　　8.7g
脂肪　　　　　　6.4g
蛋白質　　　　　12.6g
○ 膳食纖維　　　　6.1g
○ 熱量　　　　　166Kcal

端午也能享瘦的低碳肉粽

低熱量肉粽

材料

粽體

燕麥粉	500 克
低碳無糖麵包預拌粉	500 克
白胡椒	10 克
五香粉	5 克
豬油 / 橄欖油	30cc
滷肉汁	60cc
飲用水	1000cc
柴魚粉	10 克
油蔥酥	30 克

餡料

鹹鴨蛋黃	20 顆
五花肉（切成 20 小塊）	1 條
蔥	2 支
蒜頭	4 瓣
香菇（切片）	20 朵
豆干（切丁）	3 片
魷魚（切絲）	半尾
蘿蔔乾（切丁）	1/2 碗
醬油	1t（小匙）
米酒	1t（小匙）
豬油	3T（大匙）
水	適量
鹽、五香粉、白胡椒粉	少許

作法

1　將粽體材料放入盆中拌勻，搓揉成糰，靜置 20 分鐘，分成 20 小份，備用。

2　用少許高粱酒醃漬鹹鴨蛋黃，取出鹹鴨蛋黃放入烤箱烤 5 分鐘。

3　五花肉塊放入電鍋，蔥切段，蒜頭拍扁去皮，加入醬油、米酒、水，淹過豬肉，外鍋放兩杯水開始滷。（電鍋跳起後先試味道，不夠鹹再加醬油續滷）

4　取一炒鍋，開中大火，放入豬油待稍微溶化後，放入香菇、豆干、魷魚、蘿蔔乾炒香，再用少許鹽、五香粉、胡椒粉調味即可。

5　將米麵糰壓平，包入餡料再搓成圓糰，用粽葉包起後，用棉繩綁緊。

6　將粽子放入蒸籠蒸 1 小時；或使用電鍋，外鍋放 2.5 杯水（北部粽的軟 Q 口感）。若是喜歡口感軟綿，可以將粽子水煮 1 小時。（南部粽的軟綿口感）

Tips

• 如果喜歡軟綿口感，飲用水的量可增加至 1200cc。
• 一包粉（一包燕麥粉加一包麵包粉）約可製作 20 個肉粽。

令人懷念充滿蛋香的生酮粉漿蛋餅

古早味粉漿蛋餅

營養標示

○	每份	一天建議量為 1 份
○		（2 片蛋餅為 1 份）
	淨碳水化合物	2.8g
	脂肪	8.7g
	蛋白質	9.6g
○	膳食纖維	4g
○	熱量	132Kcal

材 料

溫水	50cc
低碳無糖中式麵點預拌粉	50 克
全蛋	2 顆
蔥花	1/2 支
鹽、胡椒粉	適量

作 法

1　取一碗，將全部材料混合，攪拌均勻，靜置 15 分鐘。

2　取一平底鍋，開中火倒油熱鍋，倒入粉漿，用湯匙鋪平，轉中小火煎 2～3 分鐘，翻面續煎。

3　將蛋餅皮兩面都煎至金黃色，捲起，即完成。（可加入自己喜愛的配料做變化）

___Tips___

• 冷凍可保存 1 個月。

• 一包粉約可製作 20 片蛋餅。

Recipe
35

清爽多汁的口感，讓人一片一片停不下來

健康櫛瓜煎餅

材 料

櫛瓜（約 200 克）	1 條
雞蛋	3 顆
低碳無糖麵包預拌粉	50 克
鹽	6 克
黑胡椒	少許
白胡椒	少許
紅黃椒絲（喜辣味者可放紅辣椒絲）	少許
白芝麻	少許

營養標示

○	每份	一天建議量為 2 份
○		（60g 櫛瓜煎餅為 1 份）
	淨碳水化合物	1.08g
	脂肪	9.82g
	蛋白質	11.4g
○	膳食纖維	1.6g
○	熱量	138Kcal

作 法

1　櫛瓜洗淨、刨絲，放入鹽拌勻，靜置 20 分鐘。

2　將櫛瓜釋出的水分瀝除，並盡量擠乾。

3　蛋液中加入 50 克低碳無糖麵包粉、鹽、黑白胡椒，打散拌勻，再拌入瀝乾的櫛瓜絲。

4　取一平底鍋，開火熱鍋，鍋內倒入少許油，將櫛瓜麵糊分次倒入（若是新手，建議每次都倒入少量麵糊，約荷包蛋大小會比較好操作）。

5　轉中小火煎至麵糊底部定型並呈現金黃色，翻面續煎至另一面也呈現金黃色。再翻面，鋪上紅黃椒絲（或辣椒絲），白芝麻，翻面煎約 15 秒即可出鍋。

―Tips―
- 本食譜可煎 5 小片煎餅。
- 煎餅煎好後，密封包裝，放入冰箱冷凍可保存 1 個月。
- 一包預拌粉約可製作 50 片櫛瓜煎餅。

Recipe
36

健康又兼具口感的神奇丸子
奇香豆腐丸子

材 料

低碳無糖麵包預拌粉	100 克
硬豆腐	2 塊（約 375 克）
香菜	30 克
青蔥	30 克
雞蛋	2 顆
醬油	少許
胡椒粉	1/2t（小匙）
香蒜粉	1/2t（小匙）
洋蔥粉	1/2t（小匙）
炸油	適量

營養標示

○	每份	一天建議量為 1 份
○		（4 顆豆腐丸子為 1 份）
	淨碳水化合物	5g
	脂肪	7.1g
	蛋白質	15.2g
○	膳食纖維	5.0g
○	熱量	164Kcal

作 法

1　蔥洗淨、切成蔥花；香菜洗淨、切末。

2　取一大碗，將豆腐壓碎，放入蔥花、香菜末及所有材料。

3　用手將豆腐糰攪拌均勻至出現黏性。

4　將雙手沾濕，把豆腐糰捏成一個個約 30 克的丸子，用掌心搓圓備用。（約可製作 20 顆豆腐丸子）

5　取一鍋，開大火燒熱炸油，用筷子插入油中，若四周冒出許多泡泡，就可以輕輕把丸子放入油鍋，油炸約 5～6 分鐘至表面金黃，即可起鍋、瀝油。（也可在表面噴些油，放入氣炸鍋，設定溫度 180 度，時間 10 分鐘。）

Tips
• 豆腐丸子炸好後，冷凍可保存 1 個月。
• 一包粉約可製作 100 個奇香豆腐丸子。

鮮甜的虱目魚粥，吃巧又吃飽

暖胃虱目魚肚粥

材 料

低碳無糖麵包預拌粉	50 克
高湯（或清水）	500 cc
無刺虱目魚肚	半片（100 克）
鹽	1/4t（小匙）
白胡椒粉	少許
薑絲	適量
蔥花	適量
芹菜珠	適量
香油	少許

營養標示

每份	一天建議量為 1 份
	（1 碗虱目魚肚粥為 1 份）
淨碳水化合物	4.5g
脂肪	20.6g
蛋白質	42.8g
膳食纖維	8.5g
熱量	374Kcal

作 法

1　虱目魚肚清洗後，切成塊狀，備用。

2　準備一鍋高湯（或清水），大火煮滾後，放入薑絲、虱目魚肚塊、鹽及白胡椒粉。煮約 2 分鐘後，撈起虱目魚肚塊。

3　原鍋加入麵包預拌粉，一邊煮一邊攪拌，待湯汁呈濃稠狀後，關火。

4　起鍋將湯汁呈在碗中，放上魚片，淋點香油，撒上蔥花和芹菜珠，即完成。

Tips

• 一包粉約可製作 10 碗粥。

• 喜歡濃稠口感，可減少高湯量。

Tips

- 本食譜可製作約 300 克鹹酥雞。
- 雞肉下油鍋時要一塊塊分別入
  鍋油炸，以免黏在一起變一大
  團。
- 炸九層塔的訣竅：待油炸聲變小
  就可以撈起，表示九層塔內的水
  氣被釋出，這樣九層塔才會酥
  香。

一聞到就很難拒絕的台灣經典美食

爆香鹹酥雞

材 料

雞胸肉	1 副
沙拉油	450 克

醃料

低碳無糖麵包預拌粉（或中式麵點粉）	2T（大匙）
雞蛋	1 顆
蒜末	少許
白胡椒	1/2t（小匙）
香蒜粉	1/2t（小匙）
洋蔥粉	1/2t（小匙）
五香粉	1/2t（小匙）
醬油	1T（大匙）

調味料

鹽	2T（大匙）
胡椒粉、辣椒粉、蒜片、九層塔	適量

營養標示 （不含炸油熱量）

○	每份	一天建議量為 1 份
○		（50 克鹹酥雞為 1 份）
	淨碳水化合物	0.8g
	脂肪	10.3g
	蛋白質	13g
○	膳食纖維	0.1g
○	熱量	70Kcal

炸粉料

低碳無糖中式麵點粉	適量
烘培用杏仁粉	適量
起司粉（粗顆粒）	少許

作 法

1　雞胸肉洗淨、撕除薄膜，並切成一口大小的塊狀。

2　將所有醃料混合，加入雞胸肉攪拌均勻，放置冰箱冷藏至少 5 小時或隔夜，使炸粉醃漬入味。

3　炸粉料混合拌勻，取出醃漬好的雞肉，一一均勻沾裹炸粉料，靜置 10 分鐘，使其回潮。

4　取一鍋，倒入沙拉油，開中火燒熱（竹筷插入油中，若筷子周圍冒出許多小泡泡表示油溫已到），放入雞肉油炸約 5 分鐘，使其上色，把雞肉撈起、瀝乾。

5　轉大火，使油溫拉高至 160 度，將雞肉放入再回鍋炸一次（搶酥），起鍋前放入蒜片及九層塔。起鍋後瀝乾油，撒上混合好的調味料，即完成。

香脆扎實的中式糕餅

甜蜜花生芝麻酥

營養標示

○	每份	一天建議量為 2 份
○		（1 塊花生芝麻酥為 1 份）
	淨碳水化合物	2.35g
	脂肪	9g
	蛋白質	2.38g
○	膳食纖維	3.08g
○	熱量	105Kcal

材料

低碳無糖餅乾預拌粉 ⋯⋯⋯⋯⋯ 250 克

奶油 ⋯⋯⋯⋯⋯⋯⋯⋯⋯⋯⋯⋯ 100 克

雞蛋 ⋯⋯⋯⋯⋯⋯⋯⋯⋯⋯⋯⋯ 1 顆

無糖花生醬 ⋯⋯⋯⋯⋯⋯⋯⋯⋯ 60 克

芝麻 ⋯⋯⋯⋯⋯⋯⋯⋯⋯⋯⋯⋯ 40 克

餅乾模型 ⋯⋯⋯⋯⋯⋯⋯⋯⋯⋯ 1 組

作法

1　將奶油隔水軟化，打入雞蛋一起打發。

2　加入餅乾預拌粉、花生醬及芝麻，用刮勺拌均勻，形成麵糰。

3　將麵糰壓入餅乾模型中，放入冰箱冷凍 5 小時以上或隔夜。

4　烤箱預熱至 180 ～ 200 度。拿出麵糰，切成約 2cm 厚度，放入烤箱，烘烤時間約為 18 分鐘，即可完成。（剛烤完先不要移動，待涼後放入冰箱冷藏，才會使餅乾硬脆）

Tips

• 花生芝麻酥做好後，常溫保存即可，可以保存 1 個月。

• 一包粉約可製作 15 塊花生芝麻酥。

Chapter
03

低碳減醣の Light 料理

美味又健康的輕盈料理，
讓吃不再有罪惡感

萬用百搭的常備醬料，搭配什麼食物都好吃

香蒜奶油醬

材 料

材料	份量
剝皮蒜頭	250 克
飲用水	適量
無鹽奶油	250 克
鹽	1T（大匙）
香蒜粉	1T（大匙）
洋蔥粉	1T（大匙）
義大利綜合香料	1t（小匙）

營養標示

○ 每份　　一天建議量為 1 份	
○ 　　（1 份約 15 克香蒜奶油醬）	
淨碳水化合物	0.17g
脂肪	10.8g
蛋白質	0.9g
○ 膳食纖維	3.2g
○ 熱量	101Kcal

作 法

1　剝皮蒜頭與少許飲用水（也可不加），放入調理機打成蒜泥。

2　取一鍋，放入奶油在鍋中，用小火加熱融化後，放入蒜泥。用中小火持續拌炒 10 分鐘，須注意不要燒焦。

3　放入鹽、香蒜粉、洋蔥粉及義大利綜合香料，拌炒均勻即可。

4　待涼後，倒入清潔好、消毒乾淨的乾燥玻璃罐中即可放入冰箱保存。

Tips
- 冷凍可保存 1 個月。
- 此食譜約可製作 34 份香蒜奶油醬。

酪梨莎莎醬

材 料

酪梨	300 克（1～2 顆）
洋蔥	100 克
牛番茄	200 克
香菜	10 克
檸檬汁	適量
鹽	4 克（或適量）
赤藻醣醇	10 克

營養標示

	每份	一天建議量為 1 份
	（1 份約 100 克酪梨莎莎醬）	
	淨碳水化合物	1.1g
	脂肪	7.6g
	蛋白質	1.5g
○	膳食纖維	6.0g
○	熱量	74Kcal

作 法

1 洋蔥洗淨、切除蒂頭、去皮、切成碎丁，浸泡冰水約 20 分鐘。撈起後確實瀝乾水分，備用。

2 牛番茄洗淨、去籽、切成碎丁。

3 酪梨洗淨、去皮、去籽、切成小塊狀。

4 香菜洗淨、擦乾、切末。

5 將上述材料及鹽、赤藻醣醇、檸檬汁都放入沙拉碗中，搗碎並混和均勻，即完成。

Tips

酪梨莎莎醬要密封冷藏保存，酪梨碰到空氣會氧化變黑喔。

適合用來製作花捲、蔥油餅,或是搭配蔥油雞、炒飯都美味!

百搭蔥油醬

營養標示

○ 每份	一天建議量為 1 份
○	(1 份約 30 克蔥油醬)
淨碳水化合物	2.0g
脂肪	10.3g
蛋白質	0.4g
○ 膳食纖維	0.4g
○ 熱量	101.2Kcal

材 料

青蔥......................300 克

薑..........................300 克（不喜薑味可減半）

鹽..........................1T（大匙）

食用油...................180cc（也可以使用動物油來增加香氣）

作 法

1　青蔥洗淨、瀝乾，切成蔥末，備用。

2　薑洗淨，切成薑末，備用。

3　取一鍋，放入適量油用中小火加熱，放入薑末，炒
　　至薑末轉為金黃色。

4　關火，放入蔥末及鹽（鹹度可依個人口味調整）拌
　　炒至蔥花稍軟，即可起鍋，裝入乾淨的罐子，蓋子
　　鎖緊封存，待涼後放入冰箱冷藏保存。

_____Tips_____
- 用油的餘溫拌炒，可避免蔥花黑掉。
- 密蓋可長時間保存。
- 此食譜約可製作 600 克蔥油醬

自然的酸甜，適合搭配披薩、義大利麵、麵包、沙拉醬

油封番茄

材 料

小番茄	600 克
羅勒（九層塔）	20 克
鹽	1T（大匙）
黑胡椒	1t（小匙）
義大利香料	1T（大匙）
植物油	適量
橄欖油	150cc

營養標示

	每份	一天建議量為 1 份
○		（1 份約 20 克油封番茄）
	淨碳水化合物	0g
	脂肪	8.2g
	蛋白質	0g
○	膳食纖維	0.5g
○	熱量	73.8Kcal

作 法

1　小番茄洗淨、切對半；羅勒洗淨、瀝乾，備用。

2　將番茄平舖在烤盤上，放入鹽、黑胡椒、義大利香料和植物油，拌勻。

3　將番茄放入烤箱，溫度 180 ～ 200 度，烤 60 分鐘（或至番茄收乾皺皮）。

4　將烤好的番茄取出，用餘溫拌入羅勒（九層塔）。

5　將番茄裝入消毒過的玻璃罐中，再倒入橄欖油（油量要淹過番茄），密蓋封存即完成。

Tips
- 密封放冰箱可長時間保存。
- 此食譜約可製作 500 克油封番茄。

多汁脆口、甘甜香辣交織的滋味，誘人上癮

手工韓式泡菜

材 料

山東大白菜	2 顆	赤藻醣醇	100 克
鹽	適量	鋼盆	2 個
韭菜	50 克	果汁機／調理機	1 台
紅蘿蔔	1 條		
白蘿蔔	1 條		
薑	200 克		
洋蔥	1 顆		
水梨	1 顆		
蘋果	1 顆		
剝皮蒜頭	50 克		
辣椒粉	230 克		
魚露	170 克		
烏梅汁	150cc		

營養標示

○	每份	一天建議量為 1 份
○		（1 份約 100 克泡菜）
	淨碳水化合物	4.5g
	脂肪	0g
	蛋白質	3.5g
○	膳食纖維	15g
○	熱量	32Kcal

作 法

1 大白菜一片片剝開、洗淨後，切成大段，放入盆子中，均勻撒上鹽。

2 拿另一個一樣大的盆子，空盆先壓在白菜上，並在盆中裝滿水。（水的重量會均勻的壓出白菜的澀水）醃漬一晚。

3 取出醃漬一晚的白菜，用飲用水清洗至無鹽味，並瀝乾水分。

4 韭菜洗淨，切成小段；紅白蘿蔔洗淨、刨除表皮後刨成細絲，備用。

5 薑洗淨、切塊；洋蔥洗淨、去皮，切塊；水梨和蘋果洗淨、去皮，切塊，備用。

6 蒜頭、洋蔥、水梨、蘋果和薑放入果汁機或調理機打成醬汁。

7 韭菜、蘿蔔絲和醬汁倒入白菜中，並加入辣椒粉、魚露、烏梅汁和赤藻醣醇，攪拌均勻。

8 加蓋，留一空隙。放在常溫發酵（夏天 1～2 天，冬天 2～3 天），可以目測是否有小氣泡產生。

9 將發酵完成的泡菜，裝入已消毒過的罐中，放入冰箱冷藏。

---Tips---

• 冷凍可保存 1 個月。

• 放越久越入味，會更好吃喔！

清爽開胃又低熱量，好吃無負擔

酪梨蔬食溫沙拉

材 料

酪梨⋯⋯⋯⋯⋯⋯200 克

紅甜椒⋯⋯⋯⋯⋯50 克（約半顆）

黃甜椒⋯⋯⋯⋯⋯50 克（約半顆）

茄子⋯⋯⋯⋯⋯⋯50 克

初榨橄欖油⋯⋯⋯15cc

鹽⋯⋯⋯⋯⋯⋯⋯1/2t（小匙）

巴薩米可酒醋⋯⋯10cc（或新鮮檸檬汁）

黑胡椒⋯⋯⋯⋯⋯少許

義大利香料⋯⋯⋯少許

羅勒（九層塔）⋯⋯少許

起司塊⋯⋯⋯⋯⋯少許（裝飾用）

營養標示

○	每份　　一天建議量為 1/2 份	
○	（1 份約 375 克酪梨沙拉）	
	淨碳水化合物	5.8g
	脂肪	30.2g
	蛋白質	4.5g
○	膳食纖維	15g
○	熱量	322Kcal

作 法

1 酪梨洗淨、去皮去籽後，切塊備用。

2 紅黃椒洗淨、去籽、切塊；茄子洗淨、去蒂頭，切塊。

3 紅黃椒和茄子放入烤盤，表面噴些橄欖油。烤箱預熱 180 度，放入茄子和紅黃椒烤 5～8 分鐘或至表面出現皺褶。

4 取一個沙拉碗，先將烤好的食材放入，並加入鹽、巴薩米可醋、黑胡椒及義大利香料拌勻。

5 放入酪梨塊，撒些橄欖油（或 MCT 油），輕輕拌勻，可放些起司塊及羅勒作為裝飾。

Recipe
46

簡單的料理卻是最令人想念的美味

香煎虱目魚肚

材 料

無刺虱目魚肚⋯⋯⋯1 片

鹽⋯⋯⋯⋯⋯⋯⋯少許

胡椒粉⋯⋯⋯⋯⋯少許

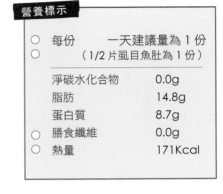

營養標示

○	每份	一天建議量為 1 份
○		（1/2 片虱目魚肚為 1 份）
	淨碳水化合物	0.0g
	脂肪	14.8g
	蛋白質	8.7g
○	膳食纖維	0.0g
○	熱量	171Kcal

作 法

1　將虱目魚肚洗淨、用廚房紙巾擦乾水分，備用。

2　取一平底鍋，開大火、放少許油熱鍋，輕放入虱目魚肚（魚肚面朝下），轉中小火後蓋上鍋蓋，慢煎約 3 分鐘。

3　確認魚肉面已煎至金黃後，將魚翻面，續煎至魚皮面也呈金黃色（約 1 分鐘），即可起鍋。

4　上桌時在虱目魚肚表面撒些胡椒和鹽，就完成囉。

___Tips___

• 要盡量將水分擦乾，避免熱油碰到水會油爆。

• 鍋子要夠熱，再放魚，如無法用鍋鏟鏟起代表魚表面還沒熟，不要硬鏟喔。

• 蓋鍋蓋是確保能用熱循環把魚悶熟，避免表面太焦裡面卻還沒熟透。

Recipe
47

烤得酥香、令人欲罷不能的好味道

腐乳烤五花肉

材 料

五花肉	1 條
洋蔥（切絲）	半顆

醃料

蒜末	10 克
薑末	10 克
蔥末	10 克
五香粉	少許
豆腐乳	1 塊
雞蛋	1 顆

營養標示 （不含蔬菜）

○	每份	一天建議量為 1 份
○		（50 克烤五花肉為 1 份）
	淨碳水化合物	0.85g
	脂肪	24.9g
	蛋白質	9.3g
○	膳食纖維	0.0
○	熱量	265Kcal

Chapter 03

低碳減醣の Light 料理

作 法

1　五花肉洗淨、用廚房紙巾擦乾水分。

2　將醃料食材混合攪拌均勻後，塗抹在五花肉上。

3　用保鮮膜密封或蓋上蓋子，移入冰箱冷藏，醃漬 5 小時以上（或隔夜）。

4　烤箱或氣炸鍋先預熱到 200 度，烤盤鋪上錫箔紙，依序放上洋蔥絲、五花肉，烤 30 分鐘即完成。

Tips
可以在烘烤的途中（約 20 分鐘時）加些不易出水的蔬菜一起烤，如：香菇、玉米筍、茄子、花椰菜和胡蘿蔔等等。

141

Recipe
48

做出甜蜜香濃、口感滑順的生巧，一點都不難！

香濃生巧克力

材料

100% 純苦鈕扣巧克力	200 克
無糖可可粉	40 克
MCT 油（或椰子油）	40cc
鮮奶油	100cc
椰漿	100cc
奶油	20 克
赤藻醣醇	適量

（依照個人喜好調整，也可不加）

營養標示

○	每份	一天建議量為 1 份
○		（30 克生巧克力為 1 份）
	淨碳水化合物	1g
	脂肪	9.3g
	蛋白質	1.39g
○	膳食纖維	0g
○	熱量	93.2Kcal

作法

1 將鮮奶油及鈕扣巧克力隔水加熱融化，邊加熱邊攪拌，加熱至 50 度。（溫度過高會造成油水分離）

2 離火降溫 1～2 分鐘後，加入椰漿、赤藻醣醇、MCT 油（或椰子油）及奶油，攪拌均勻。

3 取一長方形容器，鋪上烘培紙，倒入融化的巧克力。

4 放入冰箱冷凍 2 小時。

5 取出冷凍巧克力，表面均勻撒上無糖可可粉。

6 切成適中大小的正方形，再均勻撒上無糖可可粉，即完成。

Tips

- 生巧克力做好後要放到冰箱冷凍喔，避免室溫導致融化。冷凍可保存 1 個月。
- 本食譜約可以製作 600 克生巧克力。

濃醇滑順、營養滿分的點心

絲滑奇亞籽布丁

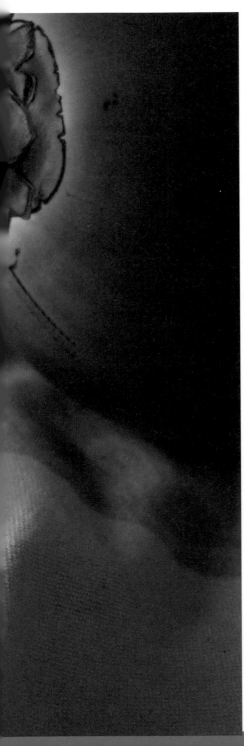

營養標示

○ 每份　　　一天建議量為 1 份
○ 　　　　　（1 杯奇亞籽布丁為 1 份）

淨碳水化合物	0.7g
脂肪	9.9g
蛋白質	4.5g
○ 膳食纖維	7.8g
○ 熱量	129Kcal

材 料

奇亞籽⋯⋯⋯⋯⋯⋯⋯⋯⋯⋯⋯⋯⋯⋯25 克

赤藻醣醇（可省略）⋯⋯⋯⋯⋯⋯10 克

飲用冷水⋯⋯⋯⋯⋯⋯⋯⋯⋯⋯⋯⋯150cc

作 法

1　取一玻璃杯，將所有材料混和均勻。

2　放入冰箱冷藏 2 小時以上，待奇亞籽完全吸水膨脹。

3　可依照個人喜好撒上無糖可可粉，或是擠一坨鮮奶油、搭配無糖優格或藍莓食用。

Tips

• 奇亞籽含有豐富的 Omega-3 及纖維，好吃又健康
• 可將奇亞籽放入冷水隨身杯中，隨時飲用。也很適合直接灑在生菜沙拉上，增添口感外又有營養；或是拌入各式果汁中飲用，也很適合唷！

Recipe 50

高纖高營養，熱熱喝更美味

高纖綠拿鐵

材料

奇亞籽	25 克
綠花椰菜	80 克

（或其他高纖深綠色低碳蔬菜，如：芹菜、櫛瓜、蘆筍、羽衣甘藍、小黃瓜、菠菜）

酪梨	30 克
黃金亞麻仁籽粉	1T（大匙）
MCT 油	15cc

（或亞麻仁子油、酪梨油、椰子油、紫蘇油）

無鹽奶油	15 克
鹽	適量
義大利香料（可省略）	適量
胡椒（增加口感）	適量
熱水	270cc
調理機（果汁機）	1 台

營養標示

○	每份	一天建議量為 1 份
○		（1 杯綠拿鐵為 1 份）
	淨碳水化合物	3.2g
	脂肪	30g
	蛋白質	1.44g
○	膳食纖維	2.08g
○	熱量	290Kcal

★ 淨碳水化合物、蛋白質和膳食纖維會依據蔬菜種類不同而有所差異。

作法

1　將蔬菜徹底洗乾淨，並用熱水川燙以殺死蟲卵。

2　將蔬菜、酪梨、MCT 油、奶油、鹽、香料、胡椒、熱水（要注意機器的容量）放入調理機（或果汁機）。

3　將所有材料打碎、打勻即可。

___Tips___

• 添加 MCT 油或其他優質油脂可以幫助脂溶性維生素的吸收。
• MCT（中鏈脂肪酸）可快速提供腦部及肌肉能量。
• 熱水川燙蔬菜，不但可以殺死生菜上的蟲卵，也可以暖胃，比一般冰的蔬果汁更健康好喝！

Notes

國家圖書館出版品預行編目資料

歡迎光臨老妹的灶下！：從冷盤x西式烘焙x中式麵點x
家常菜x甜點的50道低碳減醣美味無負擔全食譜 / 老
妹作. -- 初版. -- 臺北市：春光, 城邦文化出版：家庭傳
媒城邦分公司發行, 民111.1
　　面；　　公分 (Learning)
ISBN 978-986-5543-55-6 (平裝)
1.食譜

427.1   110017219

歡迎光臨老妹的灶下！

從冷盤 × 西式烘焙 × 中式麵點 × 家常菜 × 甜點的
50 道低碳減醣美味無負擔全食譜

作　　　者／老妹
企劃選書人／王雪莉
責 任 編 輯／張婉玲

版權行政暨數位業務專員／陳玉鈴
資深版權專員／許儀盈
行 銷 企 劃／陳姿億
行銷業務經理／李振東
副 總 編 輯／王雪莉
發 行 人／何飛鵬
法 律 顧 問／元禾法律事務所　王子文律師
出　　　版／春光出版
　　　　　　城邦文化事業股份有限公司
　　　　　　台北市104民生東路二段141號8樓
　　　　　　電話：(02)25007008　傳真：(02)25027676
　　　　　　網址：www.ffoundation.com.tw
　　　　　　e-mail：ffoundation@cite.com.twcom.tw
發　　　行／英屬蓋曼群島商家庭傳媒股份有限公司城邦分公司
　　　　　　台北市104民生東路二段141號11樓
　　　　　　書虫客服服務專線：(02)25007718・(02)25007719
　　　　　　24小時傳真服務：(02)25170999・(02)25001991
　　　　　　服務時間：週一至週五09:30-12:00・13:30-17:00
　　　　　　郵撥帳號：19863813　戶名：書虫股份有限公司
　　　　　　讀者服務信箱Email：service@readingclub.com.tw
　　　　　　歡迎光臨城邦讀書花園　網址：www.cite.com.tw
香港發行所／城邦（香港）出版集團有限公司
　　　　　　香港灣仔駱克道193號東超商業中心1樓
　　　　　　電話：(852) 2508-6231　　傳真：(852) 2578-9337
　　　　　　E-mail : hkcite@biznetvigator.com
馬新發行所／城邦（馬新）出版集團
　　　　　　【 Cite(M)Sdn. Bhd 】
　　　　　　41, Jalan Radin Anum, Bandar Baru Sri Petaling,
　　　　　　57000 Kuala Lumpur, Malaysia.
　　　　　　Tel: (603)90578822　　Fax: (603)90576622

攝　　　影／陳立陽
封 面 設 計／徐小碧工作室
內 頁 排 版／徐小碧工作室
印　　　刷／高典印刷有限公司

■ 2022年（民111）1月25日初版　　　　　　　　　Printed in Taiwan

售價／399元

104 台北市民生東路二段 141 號 11 樓

英屬蓋曼群島商家庭傳媒股份有限公司
城邦分公司

- -

請沿虛線對折，謝謝！

愛情・生活・心靈
閱讀春光，生命從此神采飛揚

春光出版

書號：OS2025　　書名：歡迎光臨老妹的灶下！
從冷盤 × 西式烘焙 × 中式麵點 × 家常菜 × 甜點的
50 道低碳減醣美味無負擔全食譜

讀者回函卡

填寫回函卡並寄回春光出版社，就能夠參加抽獎活動，有機會獲得一台「【LMG】日式雪藏系列平底鍋（黑白兩色隨機贈送）」！（市價 $2480 元）

※ 收件起訖：即日起至 2022 年 3 月 7 日（以郵戳為憑）。

※ 得獎公布：共計 10 名，預計於 2022 年 4 月中旬於春光出版臉書粉絲團公布得主。（活動詳情請查閱粉絲團貼文公告）

注意事項：
1. 本回函卡影印無效，遺失或毀損恕不補發。
2. 本活動僅限台澎金馬地區回函。
3. 春光出版保留活動修改變更權利。

春光粉絲團

藏野匠官網

謝謝您購買我們出版的書籍！請費心填寫此回函卡，我們將不定期寄上城邦集團最新的出版訊息。

姓名：_____

性別：□男　□女

生日：西元_____年_____月_____日

E-mail：_____

職業：_____

您從何種方式得知本書消息？□書店 □網路　□廣播　□親友推薦

您通常以何種方式購書？□書店　□網路 □其他

您喜歡閱讀哪些類別的書籍？

□財經商業 □自然科學 □歷史 □法律 □文學

□休閒旅遊 □小說 □人物傳記 □生活、勵志 □其他_____

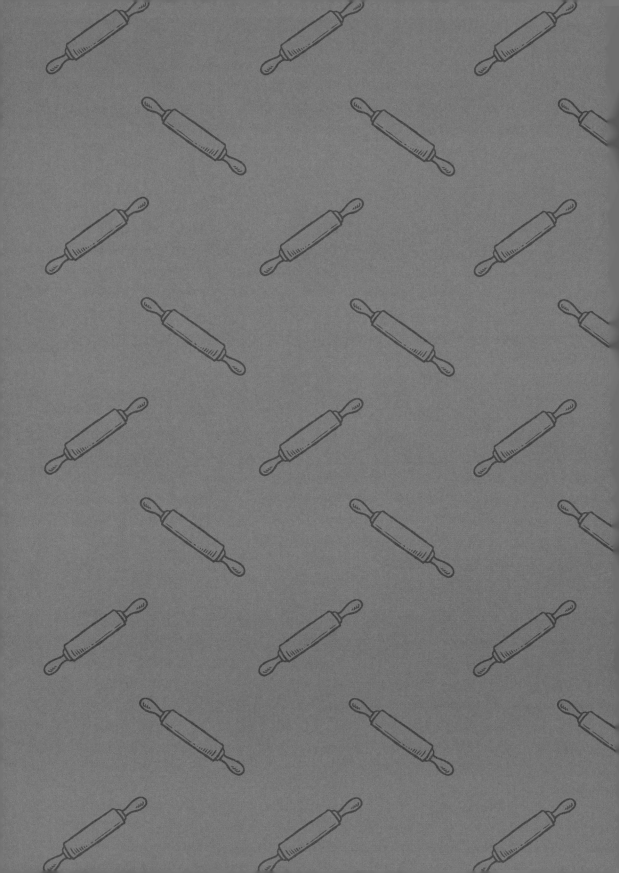

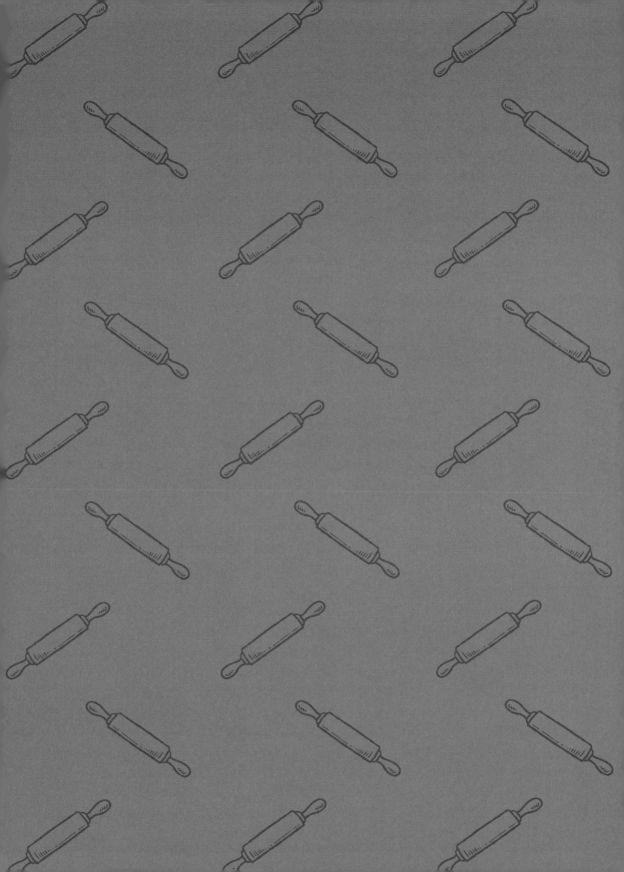

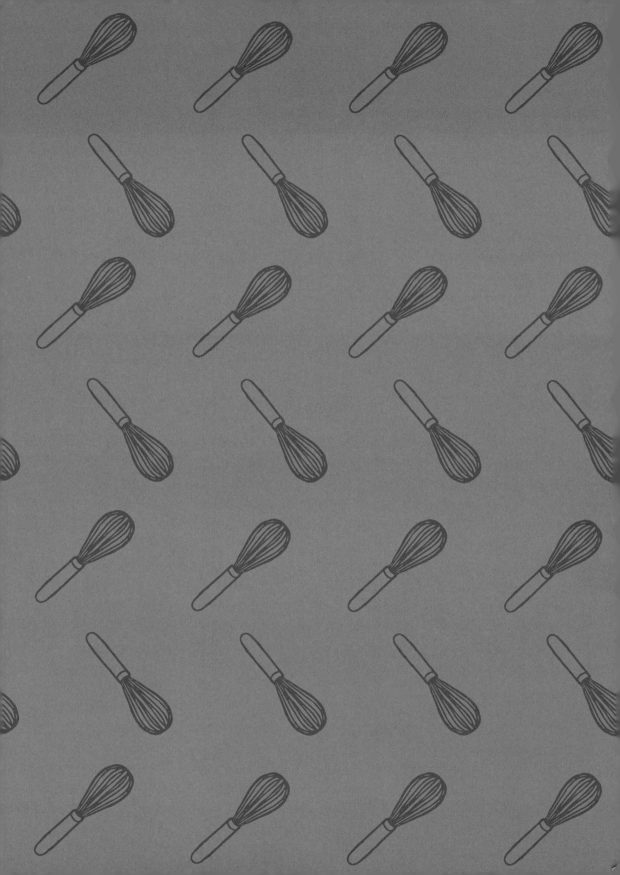